Grades 3 - 5

This Book Belongs to:
_____

Copyright KJ Callas 2023 | All Rights Reserved

Table of Contents

Let's Review 0 - 9	1
Let's Time It!	10
Let's Review 0 - 12	11
Let's Time It!	20
It's Double Digit Time!	21
Let's Time It!	40
More Fun with Double Digits	41
Let's Time It!	60
Triple and Double Digits	61
Let's Time It!	80
Triple Digit Challenge	81
Let's Time It!	100
Solutions	101

Let's Review 0 - 9

1) 9 × 0
2) 1 × 8
3) 3 × 7
4) 4 × 0
5) 2 × 9
6) 5 × 1
7) 1 × 4
8) 8 × 8
9) 0 × 0
10) 0 × 0
11) 2 × 4
12) 5 × 9
13) 3 × 8
14) 7 × 9
15) 7 × 6
16) 0 × 6
17) 4 × 5
18) 8 × 6
19) 4 × 9
20) 4 × 7
21) 8 × 1
22) 2 × 9
23) 2 × 3
24) 7 × 3
25) 4 × 2
26) 7 × 2
27) 7 × 8
28) 5 × 9
29) 5 × 1
30) 4 × 4
31) 0 × 8
32) 8 × 9
33) 9 × 8
34) 9 × 7
35) 4 × 2
36) 3 × 4
37) 2 × 2
38) 6 × 7
39) 0 × 9
40) 4 × 7
41) 5 × 9
42) 3 × 1
43) 8 × 1
44) 3 × 3
45) 2 × 4
46) 2 × 0
47) 3 × 0
48) 0 × 3
49) 9 × 8
50) 7 × 3
51) 0 × 6
52) 4 × 0
53) 3 × 6
54) 7 × 1
55) 1 × 8
56) 6 × 6
57) 7 × 7
58) 1 × 0
59) 6 × 9
60) 5 × 7

Let's Review 0 - 9

1) 3 × 5 =
2) 6 × 3 =
3) 5 × 9 =
4) 8 × 4 =
5) 7 × 2 =
6) 3 × 8 =
7) 7 × 5 =
8) 5 × 8 =
9) 4 × 5 =
10) 1 × 1 =
11) 3 × 1 =
12) 1 × 3 =
13) 5 × 5 =
14) 5 × 4 =
15) 8 × 8 =
16) 5 × 8 =
17) 7 × 1 =
18) 2 × 9 =
19) 6 × 3 =
20) 4 × 8 =
21) 1 × 5 =
22) 7 × 1 =
23) 4 × 6 =
24) 8 × 3 =
25) 9 × 1 =
26) 9 × 3 =
27) 6 × 7 =
28) 5 × 7 =
29) 4 × 2 =
30) 3 × 4 =
31) 3 × 8 =
32) 2 × 5 =
33) 3 × 4 =
34) 5 × 6 =
35) 1 × 5 =
36) 9 × 6 =
37) 7 × 8 =
38) 7 × 5 =
39) 6 × 1 =
40) 9 × 8 =
41) 1 × 4 =
42) 2 × 4 =
43) 9 × 2 =
44) 2 × 7 =
45) 7 × 6 =

Let's Review 0 - 9

1) 4 × 2
2) 9 × 6
3) 4 × 8
4) 5 × 0
5) 7 × 8
6) 1 × 3
7) 5 × 7
8) 8 × 2
9) 0 × 1
10) 3 × 2
11) 1 × 2
12) 5 × 6
13) 2 × 6
14) 2 × 1
15) 3 × 1
16) 0 × 7
17) 9 × 0
18) 9 × 5
19) 6 × 7
20) 4 × 4
21) 3 × 2
22) 3 × 2
23) 3 × 1
24) 8 × 5
25) 3 × 9
26) 0 × 9
27) 5 × 4
28) 9 × 6
29) 7 × 6
30) 0 × 5
31) 1 × 8
32) 0 × 4
33) 8 × 2
34) 0 × 0
35) 0 × 4
36) 8 × 4
37) 5 × 8
38) 3 × 1
39) 0 × 8
40) 7 × 5
41) 2 × 4
42) 9 × 7
43) 2 × 5
44) 3 × 2
45) 6 × 4
46) 8 × 1
47) 3 × 6
48) 7 × 6
49) 5 × 0
50) 7 × 2
51) 0 × 2
52) 5 × 3
53) 4 × 9
54) 2 × 4
55) 3 × 3
56) 2 × 0
57) 7 × 9
58) 9 × 5
59) 7 × 4
60) 8 × 1

Let's Review 0 - 9

1) $3 \times \square = 9$
2) $5 \times \square = 15$
3) $9 \times \square = 36$
4) $9 \times \square = 81$
5) $7 \times \square = 42$
6) $8 \times \square = 64$
7) $6 \times \square = 12$
8) $5 \times \square = 25$
9) $6 \times \square = 6$
10) $3 \times \square = 27$
11) $5 \times \square = 10$
12) $9 \times \square = 27$
13) $5 \times \square = 30$
14) $3 \times \square = 24$
15) $7 \times \square = 35$
16) $7 \times \square = 7$
17) $8 \times \square = 56$
18) $5 \times \square = 40$
19) $4 \times \square = 4$
20) $6 \times \square = 54$
21) $7 \times \square = 14$
22) $5 \times \square = 5$
23) $5 \times \square = 20$
24) $3 \times \square = 21$
25) $8 \times \square = 32$
26) $3 \times \square = 21$
27) $9 \times \square = 81$
28) $7 \times \square = 56$
29) $5 \times \square = 45$
30) $2 \times \square = 6$
31) $3 \times \square = 18$
32) $4 \times \square = 36$
33) $8 \times \square = 64$
34) $4 \times \square = 12$
35) $3 \times \square = 24$
36) $4 \times \square = 36$
37) $6 \times \square = 24$
38) $9 \times \square = 72$
39) $7 \times \square = 14$
40) $5 \times \square = 15$
41) $6 \times \square = 6$
42) $4 \times \square = 8$
43) $4 \times \square = 36$
44) $3 \times \square = 18$
45) $6 \times \square = 36$

Let's Review 0 - 9

1) 8 × 8
2) 4 × 5
3) 2 × 8
4) 9 × 6
5) 8 × 2
6) 6 × 0

7) 6 × 9
8) 5 × 1
9) 0 × 5
10) 6 × 0
11) 2 × 9
12) 1 × 7

13) 5 × 4
14) 7 × 6
15) 7 × 4
16) 6 × 5
17) 4 × 0
18) 6 × 2

19) 9 × 7
20) 4 × 3
21) 0 × 7
22) 5 × 9
23) 7 × 7
24) 8 × 2

25) 7 × 6
26) 9 × 2
27) 9 × 0
28) 9 × 3
29) 1 × 6
30) 4 × 5

31) 7 × 8
32) 2 × 6
33) 7 × 0
34) 6 × 7
35) 1 × 0
36) 0 × 6

37) 0 × 3
38) 4 × 4
39) 4 × 2
40) 5 × 5
41) 7 × 7
42) 6 × 0

43) 7 × 0
44) 6 × 4
45) 1 × 2
46) 3 × 0
47) 8 × 7
48) 1 × 1

49) 9 × 1
50) 1 × 0
51) 7 × 0
52) 0 × 9
53) 2 × 3
54) 7 × 0

55) 6 × 0
56) 5 × 2
57) 9 × 5
58) 4 × 3
59) 1 × 8
60) 1 × 7

Let's Review 0 - 9

1) 9 × 3 =
2) 6 × 3 =
3) 8 × 7 =
4) 4 × 5 =
5) 7 × 1 =
6) 6 × 6 =
7) 9 × 9 =
8) 1 × 9 =
9) 7 × 8 =
10) 7 × 1 =
11) 2 × 6 =
12) 9 × 1 =
13) 2 × 9 =
14) 3 × 6 =
15) 1 × 2 =
16) 5 × 1 =
17) 9 × 1 =
18) 7 × 8 =
19) 1 × 3 =
20) 6 × 9 =
21) 5 × 4 =
22) 4 × 9 =
23) 9 × 9 =
24) 5 × 8 =
25) 6 × 3 =
26) 1 × 8 =
27) 2 × 9 =
28) 8 × 2 =
29) 8 × 8 =
30) 5 × 9 =
31) 1 × 7 =
32) 5 × 7 =
33) 6 × 6 =
34) 5 × 3 =
35) 8 × 4 =
36) 4 × 6 =
37) 8 × 2 =
38) 6 × 9 =
39) 2 × 4 =
40) 9 × 6 =
41) 4 × 6 =
42) 9 × 5 =
43) 4 × 1 =
44) 9 × 6 =
45) 1 × 9 =

Let's Review 0 - 9

1) 3 × 7
2) 8 × 8
3) 1 × 2
4) 4 × 0
5) 4 × 3
6) 9 × 6

7) 1 × 8
8) 4 × 9
9) 1 × 0
10) 7 × 3
11) 7 × 6
12) 6 × 1

13) 4 × 0
14) 8 × 6
15) 0 × 5
16) 5 × 1
17) 7 × 3
18) 0 × 0

19) 4 × 3
20) 5 × 9
21) 1 × 9
22) 7 × 8
23) 2 × 1
24) 5 × 2

25) 2 × 0
26) 1 × 5
27) 5 × 7
28) 0 × 7
29) 5 × 5
30) 0 × 2

31) 4 × 7
32) 4 × 6
33) 6 × 0
34) 4 × 6
35) 6 × 1
36) 7 × 0

37) 3 × 5
38) 1 × 5
39) 4 × 5
40) 5 × 2
41) 2 × 7
42) 3 × 4

43) 0 × 8
44) 3 × 3
45) 7 × 2
46) 8 × 5
47) 2 × 3
48) 8 × 9

49) 5 × 3
50) 0 × 6
51) 2 × 4
52) 6 × 0
53) 0 × 8
54) 9 × 4

55) 5 × 2
56) 6 × 9
57) 0 × 2
58) 0 × 1
59) 2 × 9
60) 5 × 6

Let's Review 0 - 9

1) ☐ × 2 = 4
2) ☐ × 5 = 15
3) ☐ × 5 = 20
4) ☐ × 4 = 32
5) ☐ × 7 = 14
6) ☐ × 8 = 16
7) ☐ × 3 = 18
8) ☐ × 1 = 6
9) ☐ × 8 = 16
10) ☐ × 7 = 14
11) ☐ × 8 = 72
12) ☐ × 5 = 15
13) ☐ × 7 = 49
14) ☐ × 8 = 56
15) ☐ × 2 = 12
16) ☐ × 2 = 16
17) ☐ × 1 = 9
18) ☐ × 5 = 15
19) ☐ × 2 = 18
20) ☐ × 7 = 28
21) ☐ × 6 = 36
22) ☐ × 5 = 45
23) ☐ × 6 = 12
24) ☐ × 2 = 8
25) ☐ × 5 = 35
26) ☐ × 9 = 45
27) ☐ × 7 = 42
28) ☐ × 9 = 81
29) ☐ × 7 = 28
30) ☐ × 2 = 14
31) ☐ × 7 = 49
32) ☐ × 8 = 16
33) ☐ × 1 = 1
34) ☐ × 6 = 18
35) ☐ × 7 = 21
36) ☐ × 5 = 40
37) ☐ × 8 = 40
38) ☐ × 2 = 4
39) ☐ × 2 = 16
40) ☐ × 5 = 30
41) ☐ × 5 = 25
42) ☐ × 8 = 40
43) ☐ × 8 = 8
44) ☐ × 5 = 25
45) ☐ × 6 = 6

Let's Review 0 - 9

1) 1 × 1
2) 4 × 1
3) 6 × 8
4) 9 × 9
5) 8 × 3
6) 4 × 6

7) 9 × 2
8) 0 × 6
9) 9 × 8
10) 3 × 6
11) 1 × 1
12) 9 × 7

13) 9 × 5
14) 8 × 5
15) 0 × 3
16) 2 × 3
17) 5 × 9
18) 0 × 6

19) 8 × 2
20) 0 × 5
21) 9 × 8
22) 6 × 3
23) 1 × 2
24) 5 × 2

25) 2 × 0
26) 3 × 4
27) 1 × 0
28) 1 × 1
29) 2 × 1
30) 8 × 7

31) 8 × 5
32) 0 × 9
33) 9 × 8
34) 3 × 5
35) 9 × 3
36) 9 × 5

37) 2 × 4
38) 1 × 4
39) 6 × 2
40) 5 × 6
41) 9 × 0
42) 7 × 6

43) 6 × 1
44) 0 × 5
45) 6 × 1
46) 2 × 1
47) 7 × 8
48) 5 × 3

49) 9 × 3
50) 2 × 6
51) 7 × 7
52) 9 × 1
53) 3 × 7
54) 9 × 9

55) 4 × 9
56) 1 × 2
57) 7 × 1
58) 4 × 5
59) 3 × 6
60) 7 × 2

Time: Let's Time It!   /30   /24

1) $\begin{array}{r} 0 \\ \times\ 1 \\ \hline \end{array}$
2) $\begin{array}{r} 0 \\ \times\ 7 \\ \hline \end{array}$
3) $\begin{array}{r} 7 \\ \times\ 6 \\ \hline \end{array}$
4) $\begin{array}{r} 0 \\ \times\ 3 \\ \hline \end{array}$
5) $\begin{array}{r} 2 \\ \times\ 0 \\ \hline \end{array}$
6) $\begin{array}{r} 5 \\ \times\ 0 \\ \hline \end{array}$

7) $\begin{array}{r} 8 \\ \times\ 4 \\ \hline \end{array}$
8) $\begin{array}{r} 7 \\ \times\ 5 \\ \hline \end{array}$
9) $\begin{array}{r} 1 \\ \times\ 6 \\ \hline \end{array}$
10) $\begin{array}{r} 10 \\ \times\ 7 \\ \hline \end{array}$
11) $\begin{array}{r} 8 \\ \times\ 0 \\ \hline \end{array}$
12) $\begin{array}{r} 9 \\ \times\ 9 \\ \hline \end{array}$

13) $\begin{array}{r} 0 \\ \times\ 7 \\ \hline \end{array}$
14) $\begin{array}{r} 10 \\ \times\ 1 \\ \hline \end{array}$
15) $\begin{array}{r} 9 \\ \times\ 4 \\ \hline \end{array}$
16) $\begin{array}{r} 1 \\ \times\ 1 \\ \hline \end{array}$
17) $\begin{array}{r} 1 \\ \times\ 0 \\ \hline \end{array}$
18) $\begin{array}{r} 2 \\ \times\ 9 \\ \hline \end{array}$

19) $\begin{array}{r} 5 \\ \times\ 2 \\ \hline \end{array}$
20) $\begin{array}{r} 8 \\ \times\ 1 \\ \hline \end{array}$
21) $\begin{array}{r} 12 \\ \times\ 2 \\ \hline \end{array}$
22) $\begin{array}{r} 6 \\ \times\ 1 \\ \hline \end{array}$
23) $\begin{array}{r} 2 \\ \times\ 0 \\ \hline \end{array}$
24) $\begin{array}{r} 0 \\ \times\ 0 \\ \hline \end{array}$

25) $\begin{array}{r} 9 \\ \times\ 6 \\ \hline \end{array}$
26) $\begin{array}{r} 0 \\ \times\ 6 \\ \hline \end{array}$
27) $\begin{array}{r} 9 \\ \times\ 4 \\ \hline \end{array}$
28) $\begin{array}{r} 2 \\ \times\ 1 \\ \hline \end{array}$
29) $\begin{array}{r} 3 \\ \times\ 8 \\ \hline \end{array}$
30) $\begin{array}{r} 5 \\ \times\ 9 \\ \hline \end{array}$

1) $3 \times \square = 9$
2) $4 \times \square = 4$
3) $7 \times \square = 14$

4) $2 \times \square = 6$
5) $2 \times \square = 10$
6) $7 \times \square = 63$

7) $2 \times \square = 6$
8) $5 \times \square = 20$
9) $4 \times \square = 12$

10) $8 \times \square = 32$
11) $3 \times \square = 24$
12) $6 \times \square = 54$

13) $7 \times \square = 35$
14) $2 \times \square = 16$
15) $7 \times \square = 35$

16) $4 \times \square = 36$
17) $3 \times \square = 6$
18) $6 \times \square = 30$

19) $9 \times \square = 27$
20) $1 \times \square = 4$
21) $3 \times \square = 6$

22) $4 \times \square = 12$
23) $2 \times \square = 16$
24) $6 \times \square = 24$

Let's Review 0 - 12

1) 10 × 7
2) 2 × 3
3) 4 × 7
4) 1 × 2
5) 9 × 6
6) 12 × 3
7) 6 × 3
8) 12 × 3
9) 3 × 4
10) 1 × 6
11) 2 × 0
12) 10 × 8
13) 0 × 7
14) 6 × 0
15) 5 × 2
16) 12 × 2
17) 3 × 5
18) 0 × 1
19) 11 × 6
20) 3 × 6
21) 11 × 7
22) 6 × 0
23) 7 × 6
24) 3 × 9
25) 0 × 1
26) 4 × 7
27) 3 × 1
28) 6 × 3
29) 1 × 9
30) 3 × 0
31) 7 × 9
32) 11 × 7
33) 5 × 8
34) 10 × 3
35) 8 × 2
36) 1 × 8
37) 0 × 0
38) 5 × 0
39) 1 × 9
40) 10 × 5
41) 11 × 7
42) 9 × 1
43) 4 × 4
44) 3 × 7
45) 2 × 3
46) 8 × 9
47) 7 × 6
48) 7 × 3
49) 3 × 7
50) 4 × 6
51) 1 × 5
52) 2 × 5
53) 2 × 6
54) 0 × 8
55) 9 × 6
56) 8 × 4
57) 8 × 3
58) 1 × 8
59) 9 × 7
60) 3 × 6

Let's Review 0 - 12

1) 3 × 1 =   2) 5 × 4 =   3) 2 × 5 =
4) 10 × 7 =   5) 8 × 6 =   6) 4 × 8 =
7) 4 × 3 =   8) 2 × 7 =   9) 8 × 7 =
10) 6 × 3 =   11) 6 × 1 =   12) 4 × 4 =
13) 9 × 6 =   14) 11 × 5 =   15) 2 × 5 =
16) 4 × 5 =   17) 9 × 3 =   18) 5 × 4 =
19) 9 × 8 =   20) 4 × 2 =   21) 10 × 5 =
22) 10 × 6 =   23) 8 × 1 =   24) 2 × 3 =
25) 9 × 6 =   26) 11 × 6 =   27) 11 × 2 =
28) 9 × 9 =   29) 10 × 6 =   30) 4 × 7 =
31) 3 × 7 =   32) 5 × 7 =   33) 8 × 4 =
34) 1 × 2 =   35) 10 × 4 =   36) 6 × 4 =
37) 5 × 9 =   38) 7 × 1 =   39) 7 × 8 =
40) 7 × 4 =   41) 4 × 7 =   42) 8 × 8 =
43) 5 × 2 =   44) 10 × 2 =   45) 12 × 8 =

Let's Review 0 - 12

1) 12 × 8
2) 5 × 4
3) 4 × 2
4) 1 × 7
5) 3 × 3
6) 0 × 0

7) 10 × 6
8) 7 × 6
9) 5 × 6
10) 9 × 2
11) 11 × 7
12) 3 × 7

13) 3 × 9
14) 10 × 7
15) 9 × 6
16) 10 × 4
17) 8 × 8
18) 12 × 9

19) 12 × 7
20) 12 × 4
21) 5 × 8
22) 5 × 0
23) 9 × 1
24) 10 × 9

25) 5 × 2
26) 5 × 5
27) 10 × 3
28) 3 × 0
29) 4 × 8
30) 3 × 2

31) 5 × 5
32) 5 × 8
33) 12 × 8
34) 2 × 4
35) 2 × 6
36) 0 × 8

37) 4 × 7
38) 2 × 9
39) 3 × 9
40) 4 × 1
41) 10 × 5
42) 6 × 2

43) 4 × 3
44) 5 × 7
45) 0 × 9
46) 0 × 5
47) 7 × 6
48) 5 × 7

49) 3 × 7
50) 11 × 8
51) 4 × 3
52) 9 × 5
53) 10 × 1
54) 8 × 8

55) 10 × 8
56) 5 × 0
57) 0 × 5
58) 7 × 4
59) 9 × 9
60) 5 × 7

Let's Review 0 - 12

1) 4 × 7 =   2) 9 × 4 =   3) 8 × 8 =
4) 4 × 1 =   5) 10 × 3 =   6) 5 × 9 =
7) 7 × 9 =   8) 7 × 5 =   9) 2 × 3 =
10) 9 × 3 =   11) 12 × 1 =   12) 12 × 9 =
13) 1 × 1 =   14) 3 × 5 =   15) 11 × 5 =
16) 2 × 7 =   17) 3 × 7 =   18) 3 × 7 =
19) 8 × 3 =   20) 6 × 4 =   21) 8 × 8 =
22) 9 × 5 =   23) 7 × 7 =   24) 5 × 2 =
25) 4 × 4 =   26) 1 × 1 =   27) 4 × 4 =
28) 8 × 1 =   29) 11 × 7 =   30) 5 × 5 =
31) 3 × 4 =   32) 2 × 2 =   33) 5 × 5 =
34) 6 × 5 =   35) 4 × 4 =   36) 12 × 3 =
37) 9 × 4 =   38) 2 × 9 =   39) 1 × 9 =
40) 9 × 9 =   41) 7 × 6 =   42) 9 × 7 =
43) 8 × 6 =   44) 4 × 5 =   45) 9 × 8 =

Let's Review 0 - 12

1) 9 × 2
2) 6 × 6
3) 5 × 5
4) 3 × 1
5) 8 × 5
6) 6 × 2
7) 6 × 0
8) 5 × 9
9) 5 × 4
10) 3 × 6
11) 1 × 4
12) 8 × 9
13) 0 × 9
14) 4 × 4
15) 3 × 7
16) 12 × 2
17) 12 × 0
18) 10 × 6
19) 2 × 3
20) 1 × 9
21) 0 × 7
22) 7 × 8
23) 7 × 9
24) 1 × 3
25) 9 × 1
26) 10 × 7
27) 4 × 3
28) 11 × 6
29) 8 × 4
30) 10 × 1
31) 10 × 0
32) 0 × 7
33) 8 × 3
34) 5 × 6
35) 4 × 8
36) 12 × 5
37) 10 × 9
38) 4 × 9
39) 1 × 8
40) 2 × 8
41) 12 × 6
42) 0 × 3
43) 3 × 8
44) 6 × 0
45) 3 × 8
46) 8 × 9
47) 11 × 7
48) 1 × 4
49) 0 × 1
50) 4 × 1
51) 3 × 4
52) 1 × 8
53) 5 × 4
54) 6 × 1
55) 0 × 3
56) 2 × 8
57) 10 × 5
58) 6 × 9
59) 9 × 1
60) 7 × 4

Let's Review 0 - 12

1) 5 × 6 =   2) 8 × 5 =   3) 4 × 3 =

4) 8 × 1 =   5) 10 × 2 =   6) 6 × 8 =

7) 2 × 9 =   8) 11 × 1 =   9) 7 × 4 =

10) 6 × 6 =   11) 10 × 8 =   12) 9 × 6 =

13) 10 × 6 =   14) 11 × 6 =   15) 8 × 8 =

16) 12 × 3 =   17) 12 × 2 =   18) 4 × 6 =

19) 11 × 2 =   20) 4 × 6 =   21) 7 × 5 =

22) 5 × 4 =   23) 3 × 1 =   24) 7 × 4 =

25) 2 × 1 =   26) 4 × 8 =   27) 6 × 5 =

28) 12 × 5 =   29) 11 × 8 =   30) 11 × 4 =

31) 4 × 1 =   32) 4 × 2 =   33) 1 × 1 =

34) 12 × 3 =   35) 2 × 9 =   36) 6 × 7 =

37) 10 × 9 =   38) 10 × 3 =   39) 2 × 4 =

40) 9 × 1 =   41) 10 × 6 =   42) 12 × 6 =

43) 11 × 6 =   44) 12 × 9 =   45) 11 × 2 =

Let's Review 0 - 12

1) 5 × 1
2) 9 × 0
3) 7 × 0
4) 8 × 3
5) 10 × 1
6) 2 × 5

7) 12 × 1
8) 3 × 7
9) 1 × 4
10) 9 × 5
11) 5 × 7
12) 0 × 9

13) 7 × 6
14) 9 × 4
15) 5 × 0
16) 5 × 3
17) 0 × 9
18) 2 × 4

19) 9 × 0
20) 8 × 3
21) 3 × 2
22) 4 × 9
23) 9 × 7
24) 6 × 3

25) 4 × 0
26) 11 × 4
27) 10 × 9
28) 4 × 0
29) 9 × 1
30) 8 × 5

31) 4 × 8
32) 6 × 6
33) 3 × 0
34) 3 × 2
35) 9 × 4
36) 2 × 5

37) 1 × 5
38) 4 × 9
39) 7 × 2
40) 8 × 1
41) 1 × 5
42) 0 × 0

43) 12 × 5
44) 7 × 3
45) 12 × 1
46) 4 × 4
47) 6 × 6
48) 9 × 0

49) 4 × 2
50) 6 × 9
51) 1 × 2
52) 9 × 2
53) 11 × 3
54) 12 × 7

55) 12 × 0
56) 9 × 1
57) 11 × 1
58) 11 × 9
59) 11 × 8
60) 6 × 0

Let's Review 0 - 12

1) 12 × 6 =
2) 3 × 1 =
3) 3 × 6 =
4) 2 × 1 =
5) 12 × 5 =
6) 1 × 6 =
7) 6 × 7 =
8) 9 × 8 =
9) 9 × 2 =
10) 4 × 4 =
11) 4 × 4 =
12) 11 × 4 =
13) 7 × 4 =
14) 7 × 9 =
15) 3 × 5 =
16) 12 × 6 =
17) 6 × 2 =
18) 12 × 5 =
19) 4 × 9 =
20) 9 × 5 =
21) 10 × 7 =
22) 1 × 5 =
23) 4 × 8 =
24) 2 × 4 =
25) 3 × 6 =
26) 11 × 3 =
27) 2 × 6 =
28) 1 × 9 =
29) 2 × 8 =
30) 12 × 7 =
31) 11 × 5 =
32) 3 × 1 =
33) 8 × 7 =
34) 2 × 9 =
35) 6 × 6 =
36) 9 × 3 =
37) 2 × 6 =
38) 9 × 1 =
39) 10 × 6 =
40) 8 × 2 =
41) 8 × 2 =
42) 11 × 6 =
43) 8 × 8 =
44) 2 × 9 =
45) 2 × 7 =

Let's Review 0 - 12

1) 12 × 3
2) 5 × 1
3) 4 × 8
4) 9 × 7
5) 7 × 9
6) 10 × 9
7) 12 × 4
8) 5 × 0
9) 10 × 5
10) 0 × 9
11) 10 × 3
12) 0 × 2
13) 3 × 9
14) 5 × 4
15) 1 × 9
16) 11 × 5
17) 1 × 4
18) 8 × 8
19) 1 × 0
20) 2 × 5
21) 5 × 4
22) 7 × 6
23) 1 × 2
24) 6 × 1
25) 11 × 5
26) 1 × 0
27) 10 × 0
28) 7 × 0
29) 3 × 6
30) 3 × 1
31) 3 × 6
32) 7 × 5
33) 12 × 0
34) 12 × 0
35) 2 × 5
36) 9 × 8
37) 8 × 8
38) 11 × 7
39) 1 × 0
40) 9 × 2
41) 1 × 8
42) 12 × 7
43) 11 × 6
44) 6 × 2
45) 0 × 5
46) 12 × 6
47) 9 × 8
48) 3 × 2
49) 11 × 1
50) 4 × 1
51) 9 × 3
52) 5 × 5
53) 2 × 5
54) 12 × 4
55) 4 × 7
56) 1 × 6
57) 2 × 5
58) 0 × 1
59) 8 × 7
60) 10 × 9

Time: Let's Time It!   /30   /24

1) 2 × 4   2) 11 × 8   3) 12 × 6   4) 11 × 6   5) 6 × 7   6) 10 × 7

7) 10 × 2   8) 7 × 2   9) 1 × 5   10) 12 × 5   11) 2 × 6   12) 8 × 4

13) 8 × 2   14) 5 × 9   15) 4 × 5   16) 1 × 3   17) 10 × 7   18) 2 × 7

19) 4 × 7   20) 10 × 8   21) 12 × 7   22) 5 × 9   23) 4 × 6   24) 3 × 9

25) 5 × 1   26) 8 × 3   27) 11 × 9   28) 12 × 5   29) 1 × 3   30) 4 × 8

1) 1 × 9 =   2) 5 × 8 =   3) 7 × 8 =

4) 10 × 1 =   5) 3 × 2 =   6) 11 × 8 =

7) 10 × 2 =   8) 4 × 8 =   9) 4 × 6 =

10) 9 × 6 =   11) 3 × 2 =   12) 3 × 6 =

13) 6 × 6 =   14) 11 × 1 =   15) 7 × 6 =

16) 5 × 3 =   17) 11 × 8 =   18) 4 × 3 =

19) 6 × 3 =   20) 10 × 4 =   21) 11 × 6 =

22) 6 × 6 =   23) 11 × 1 =   24) 6 × 8 =

It's Double Digit Time!

1) 77 × 3

2) 99 × 8

3) 75 × 6

4) 83 × 2

5) 74 × 6

6) 61 × 3

7) 58 × 7

8) 35 × 3

9) 51 × 9

It's Double Digit Time!

1)   4 5
  ×   7
+ _____

2)   4 2
  ×   5
+ _____

3)   5 0
  ×   3
+ _____

4)   8 7
  ×   8
+ _____

5)   8 3
  ×   4
+ _____

6)   9 8
  ×   7
+ _____

7)   7 4
  ×   3
+ _____

8)   5 8
  ×   5
+ _____

9)   8 2
  ×   3
+ _____

It's Double Digit Time!

1) 39 × 5

2) 60 × 3

3) 58 × 3

4) 59 × 7

5) 90 × 2

6) 77 × 8

7) 83 × 6

8) 32 × 7

9) 78 × 2

It's Double Digit Time!

1) 70 × 1

2) 67 × 4

3) 97 × 1

4) 93 × 6

5) 33 × 9

6) 49 × 2

7) 42 × 3

8) 72 × 1

9) 35 × 3

It's Double Digit Time!

1)
```
      3 9
    ×   5
  +
```

2)
```
      7 5
    ×   3
  +
```

3)
```
      6 8
    ×   3
  +
```

4)
```
      6 3
    ×   8
  +
```

5)
```
      6 1
    ×   4
  +
```

6)
```
      8 6
    ×   2
  +
```

7)
```
      4 2
    ×   3
  +
```

8)
```
      5 3
    ×   1
  +
```

9)
```
      5 4
    ×   8
  +
```

It's Double Digit Time!

1) 49 × 9

2) 52 × 5

3) 76 × 7

4) 42 × 9

5) 88 × 5

6) 30 × 2

7) 41 × 2

8) 82 × 3

9) 96 × 5

It's Double Digit Time!

1) 51 × 1

2) 78 × 1

3) 91 × 9

4) 84 × 4

5) 60 × 7

6) 59 × 7

7) 90 × 9

8) 65 × 4

9) 55 × 7

It's Double Digit Time!

1) 58 × 2

2) 85 × 6

3) 89 × 8

4) 37 × 7

5) 75 × 9

6) 45 × 8

7) 77 × 8

8) 50 × 9

9) 46 × 7

It's Double Digit Time!

1) 96 × 6

2) 32 × 9

3) 32 × 1

4) 64 × 8

5) 79 × 3

6) 86 × 9

7) 31 × 6

8) 57 × 6

9) 83 × 8

It's Double Digit Time!

1) 86 × 8

2) 73 × 1

3) 89 × 7

4) 77 × 3

5) 96 × 7

6) 96 × 3

7) 53 × 8

8) 51 × 7

9) 31 × 5

It's Double Digit Time!

1) 71 × 2

2) 60 × 7

3) 66 × 2

4) 30 × 9

5) 61 × 4

6) 50 × 3

7) 65 × 2

8) 32 × 4

9) 32 × 9

It's Double Digit Time!

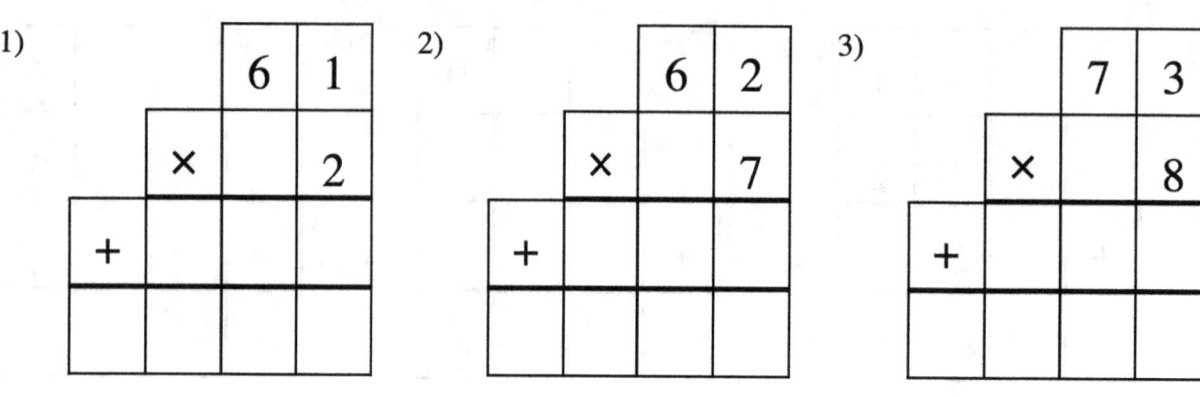

It's Double Digit Time!

1) 90 × 2

2) 90 × 6

3) 99 × 8

4) 30 × 7

5) 77 × 7

6) 56 × 9

7) 55 × 7

8) 64 × 3

9) 95 × 7

It's Double Digit Time!

1) 74 × 6

2) 35 × 4

3) 45 × 3

4) 53 × 9

5) 75 × 4

6) 64 × 7

7) 30 × 7

8) 94 × 4

9) 64 × 1

It's Double Digit Time!

1) 30 × 7

2) 30 × 7

3) 87 × 3

4) 77 × 1

5) 77 × 1

6) 32 × 3

7) 91 × 3

8) 38 × 9

9) 77 × 6

It's Double Digit Time!

1) 98 × 2

2) 51 × 4

3) 71 × 1

4) 84 × 6

5) 37 × 6

6) 38 × 8

7) 33 × 5

8) 60 × 3

9) 52 × 8

It's Double Digit Time!

1) 79 × 5

2) 50 × 9

3) 80 × 8

4) 80 × 7

5) 98 × 6

6) 69 × 5

7) 93 × 9

8) 54 × 2

9) 87 × 1

It's Double Digit Time!

1)
```
      4 5
    ×   8
  +
```

2)
```
      6 4
    ×   9
  +
```

3)
```
      5 2
    ×   6
  +
```

4)
```
      6 5
    ×   4
  +
```

5)
```
      4 7
    ×   7
  +
```

6)
```
      8 2
    ×   3
  +
```

7)
```
      6 2
    ×   4
  +
```

8)
```
      5 2
    ×   5
  +
```

9)
```
      6 4
    ×   9
  +
```

It's Double Digit Time!

1) 85 × 4 +

2) 36 × 3 +

3) 82 × 1 +

4) 88 × 3 +

5) 58 × 6 +

6) 75 × 7 +

7) 74 × 5 +

8) 36 × 6 +

9) 54 × 9 +

Let's Time It!   /9

1) 70 × 1

2) 73 × 9

3) 53 × 3

4) 96 × 5

5) 31 × 6

6) 64 × 9

7) 91 × 3

8) 49 × 8

9) 65 × 4

More Fun with Double Digits

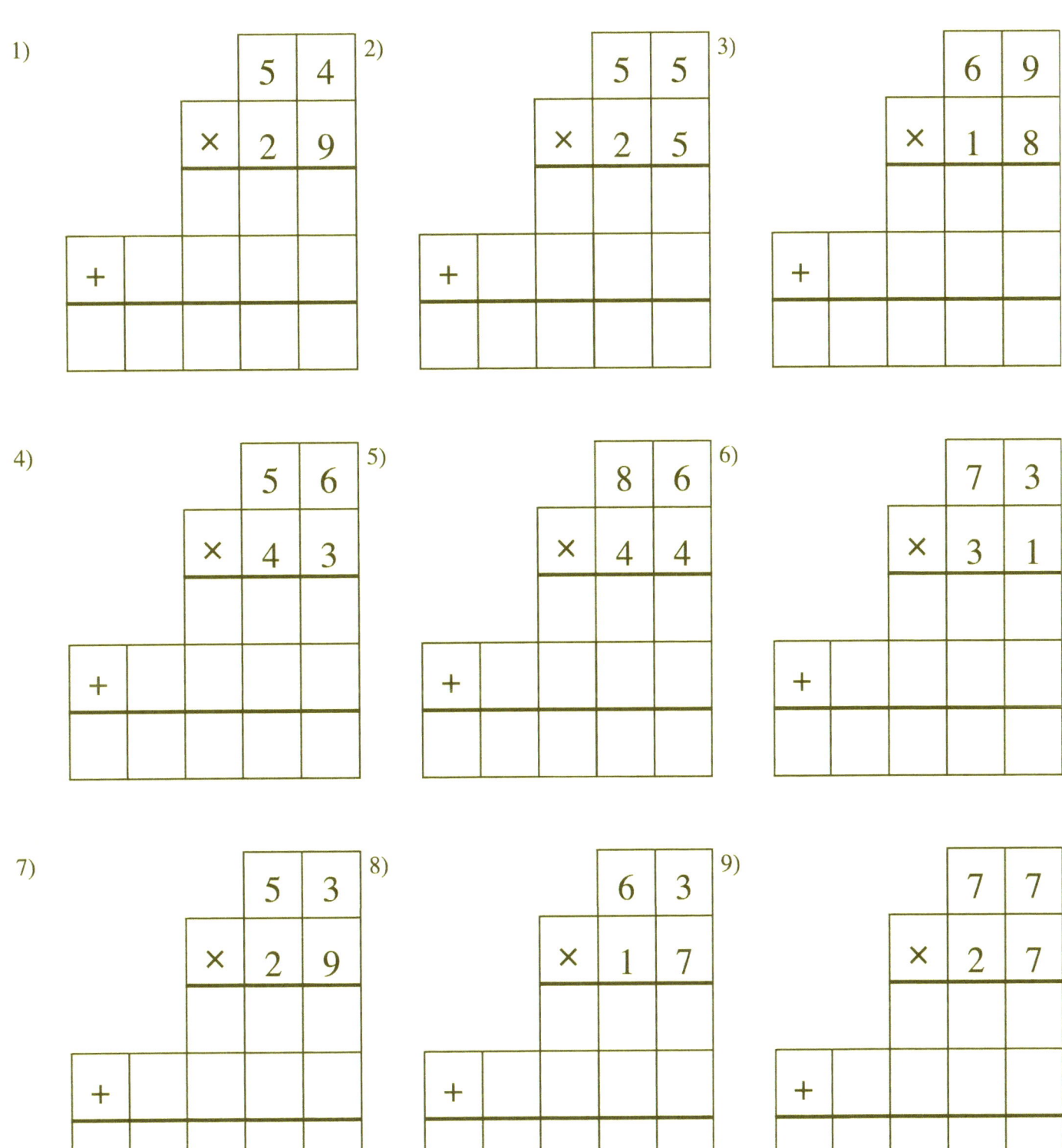

More Fun with Double Digits

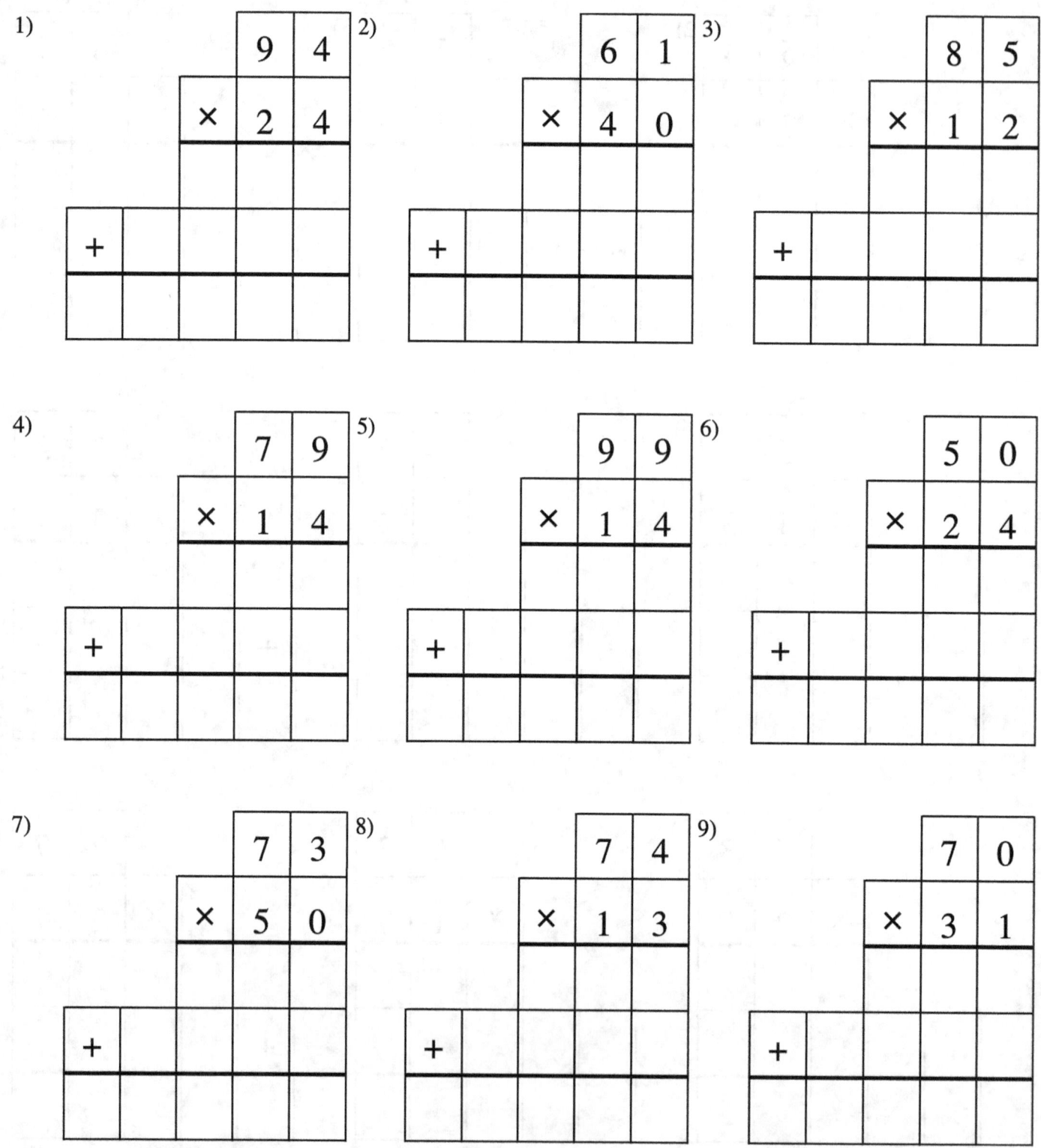

Page 42

More Fun with Double Digits

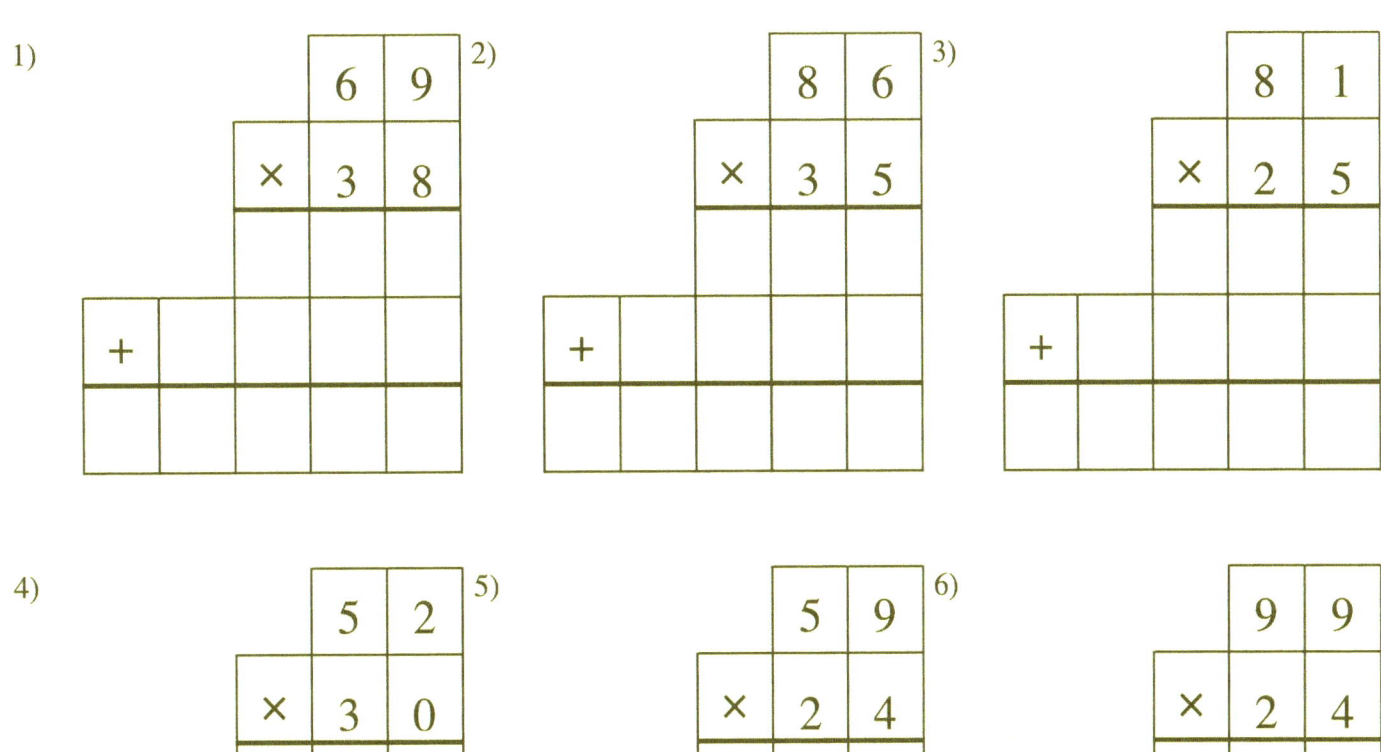

Page 43

More Fun with Double Digits

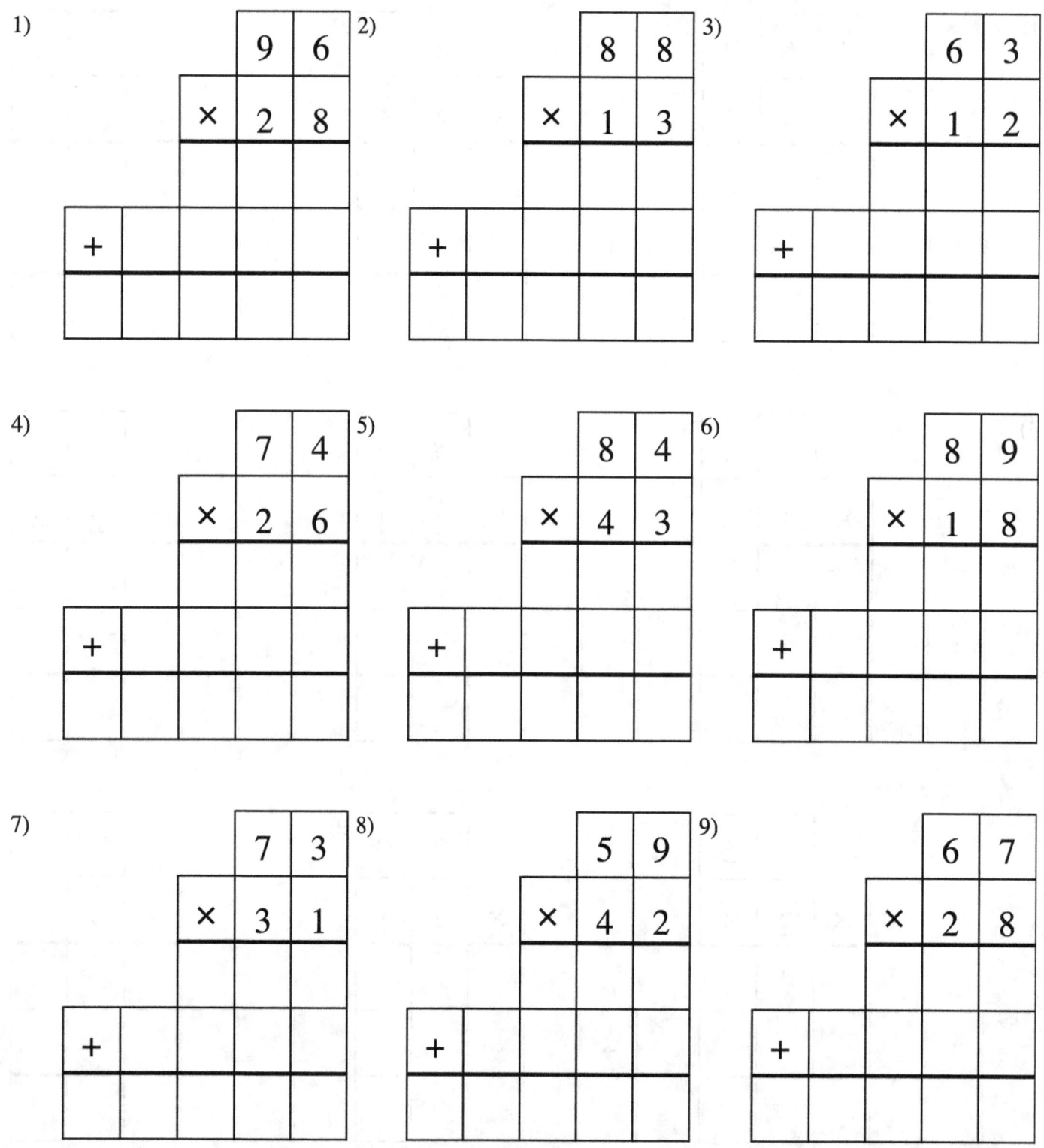

Page 44

More Fun with Double Digits

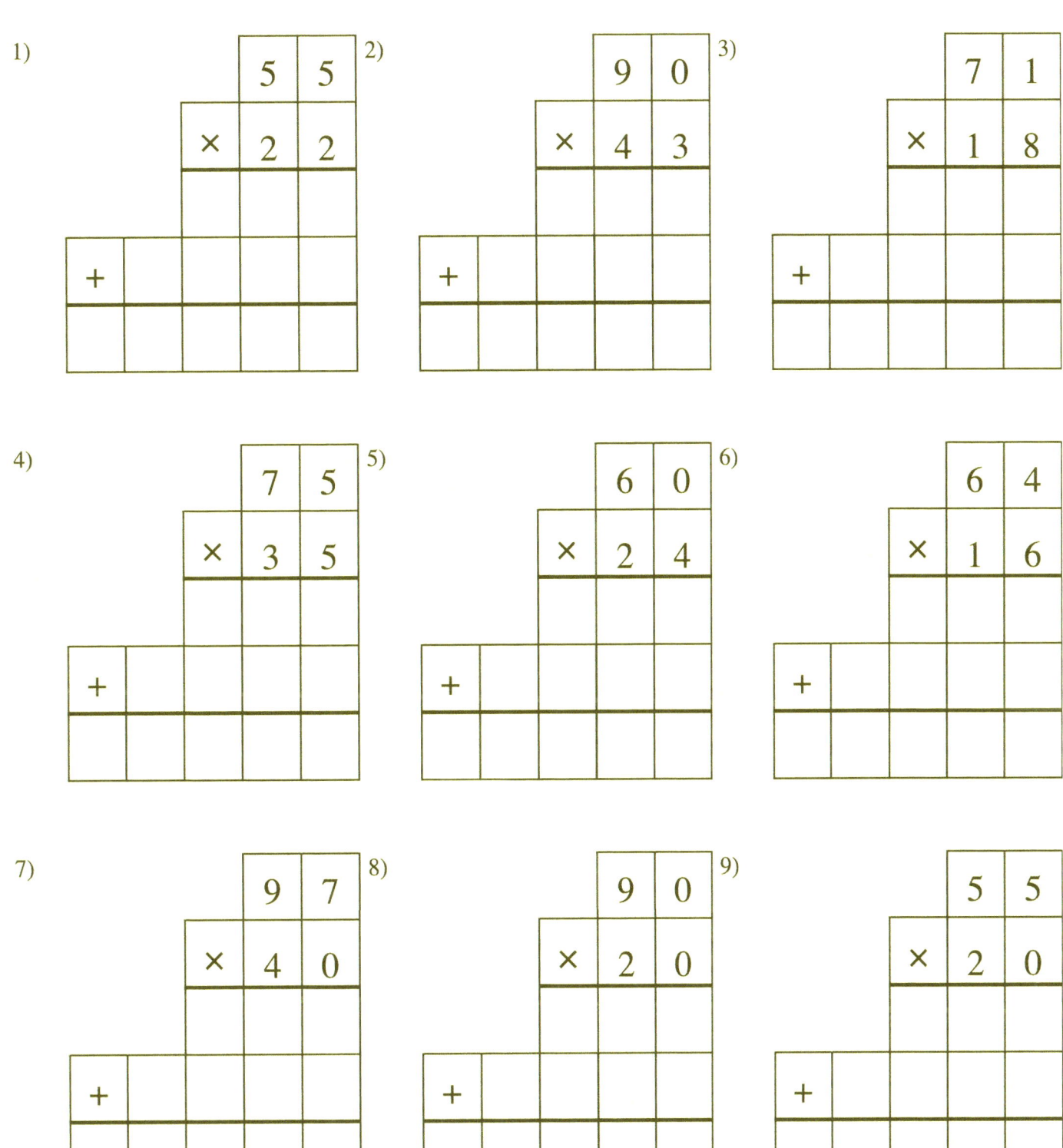

Page 45

More Fun with Double Digits

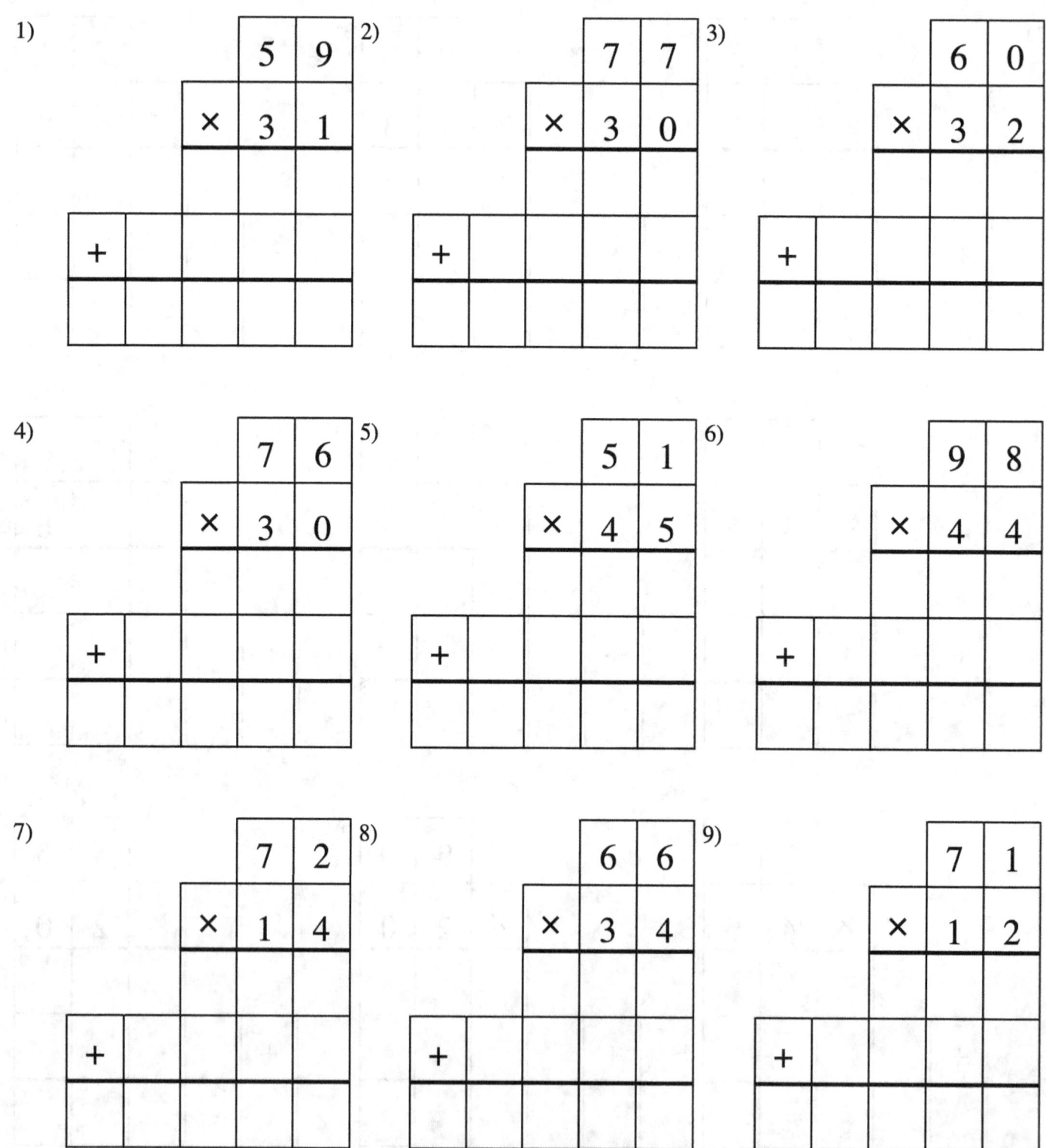

Page 46

More Fun with Double Digits

More Fun with Double Digits

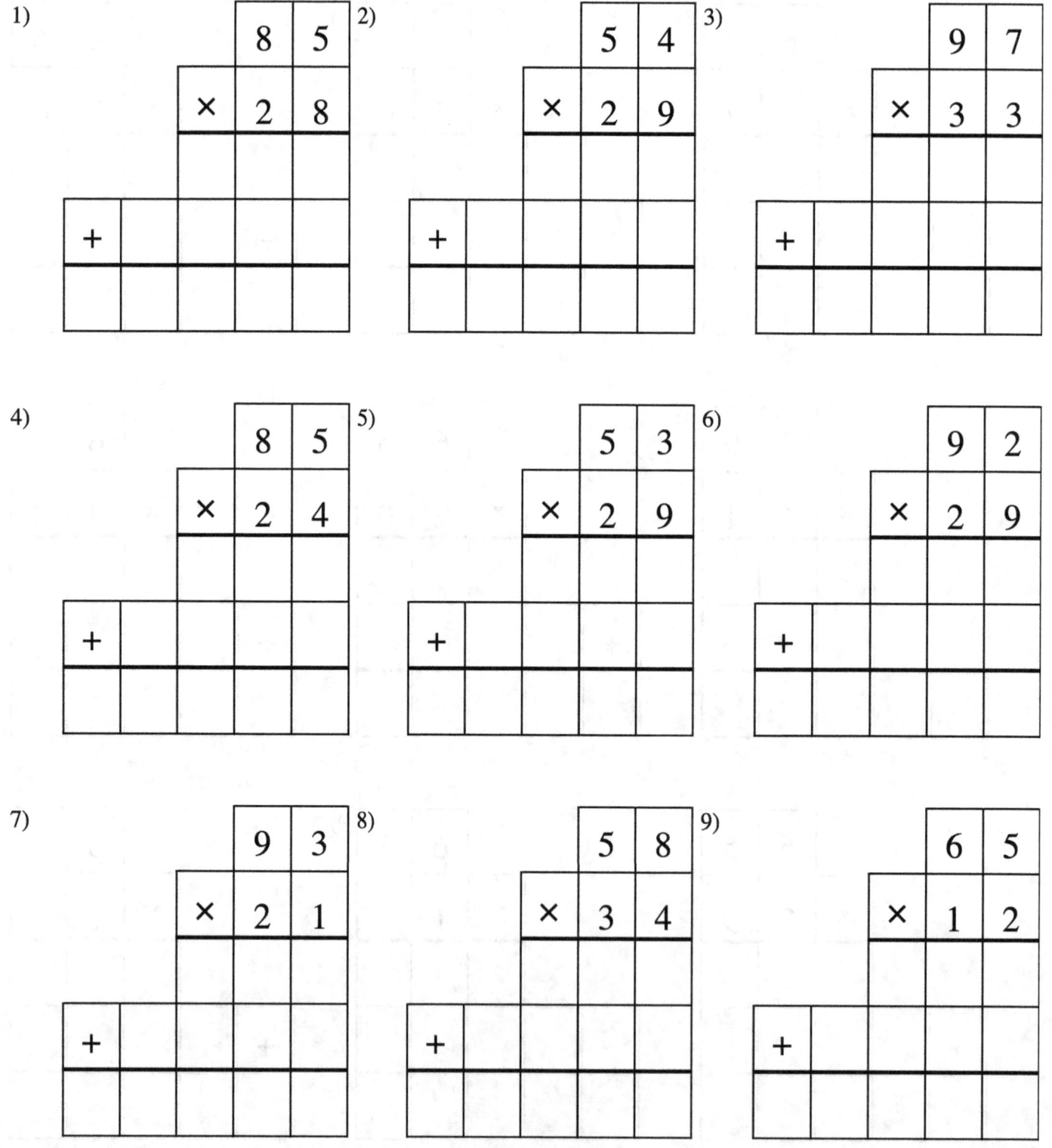

More Fun with Double Digits

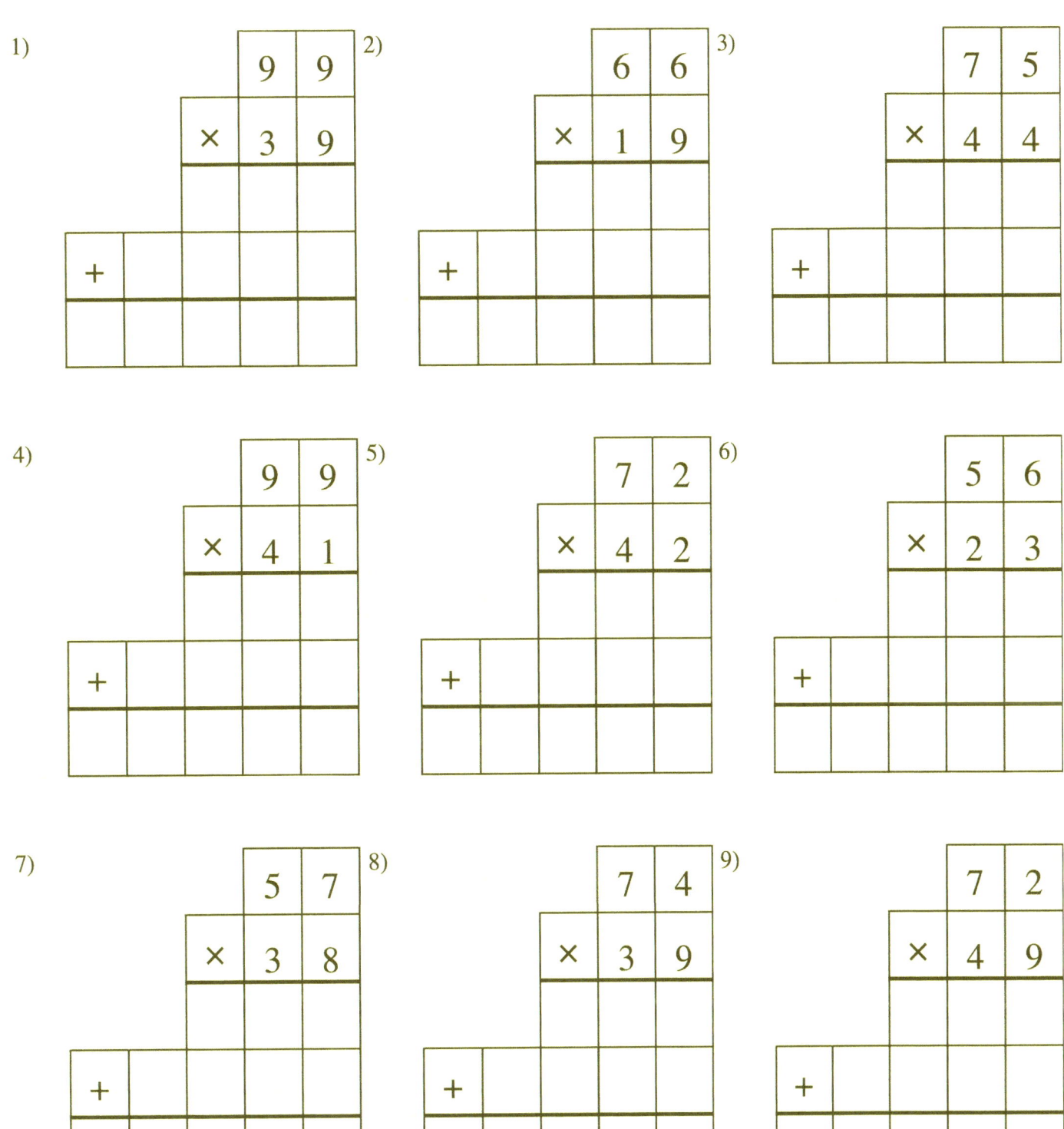

More Fun with Double Digits

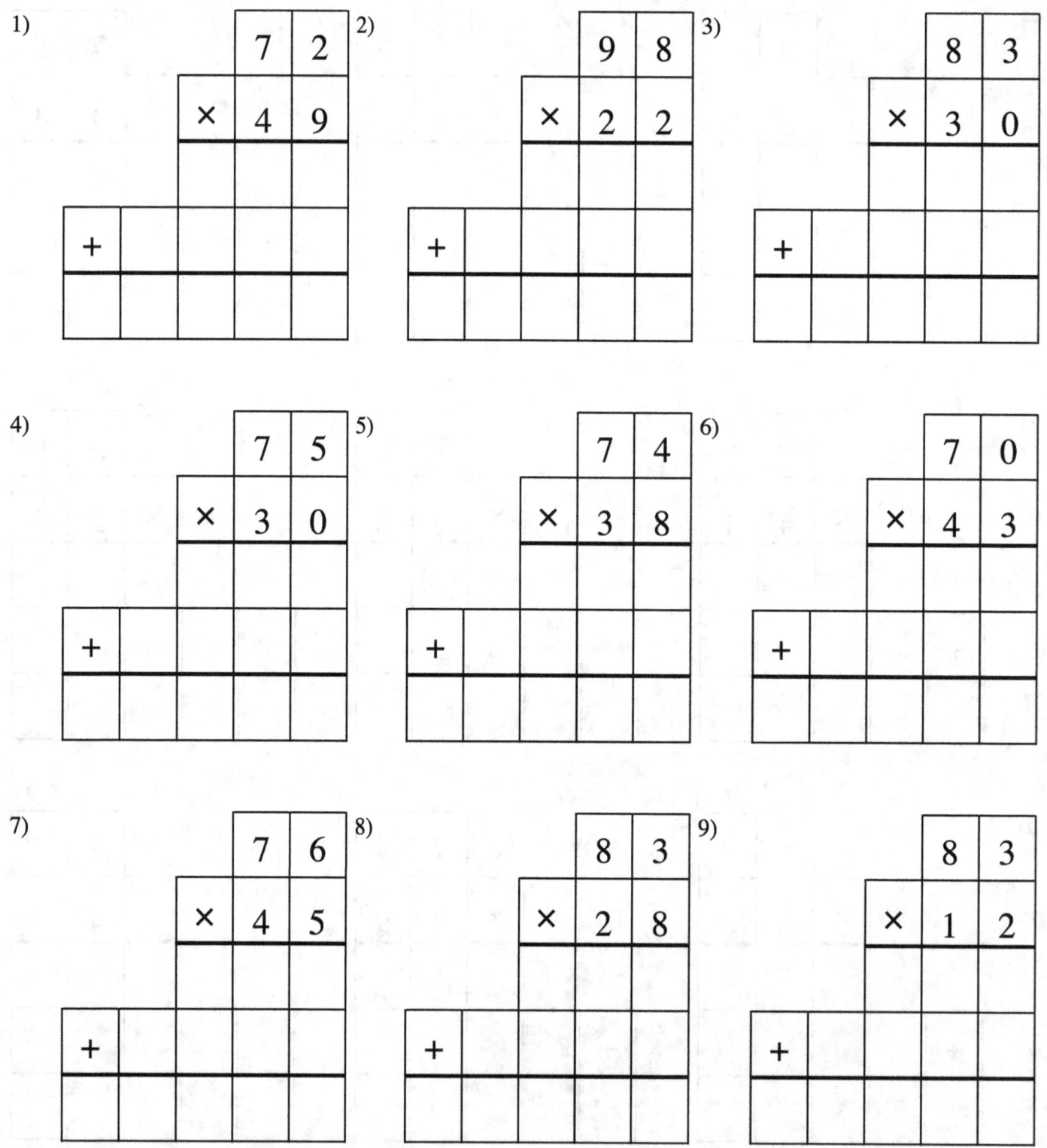

Page 50

More Fun with Double Digits

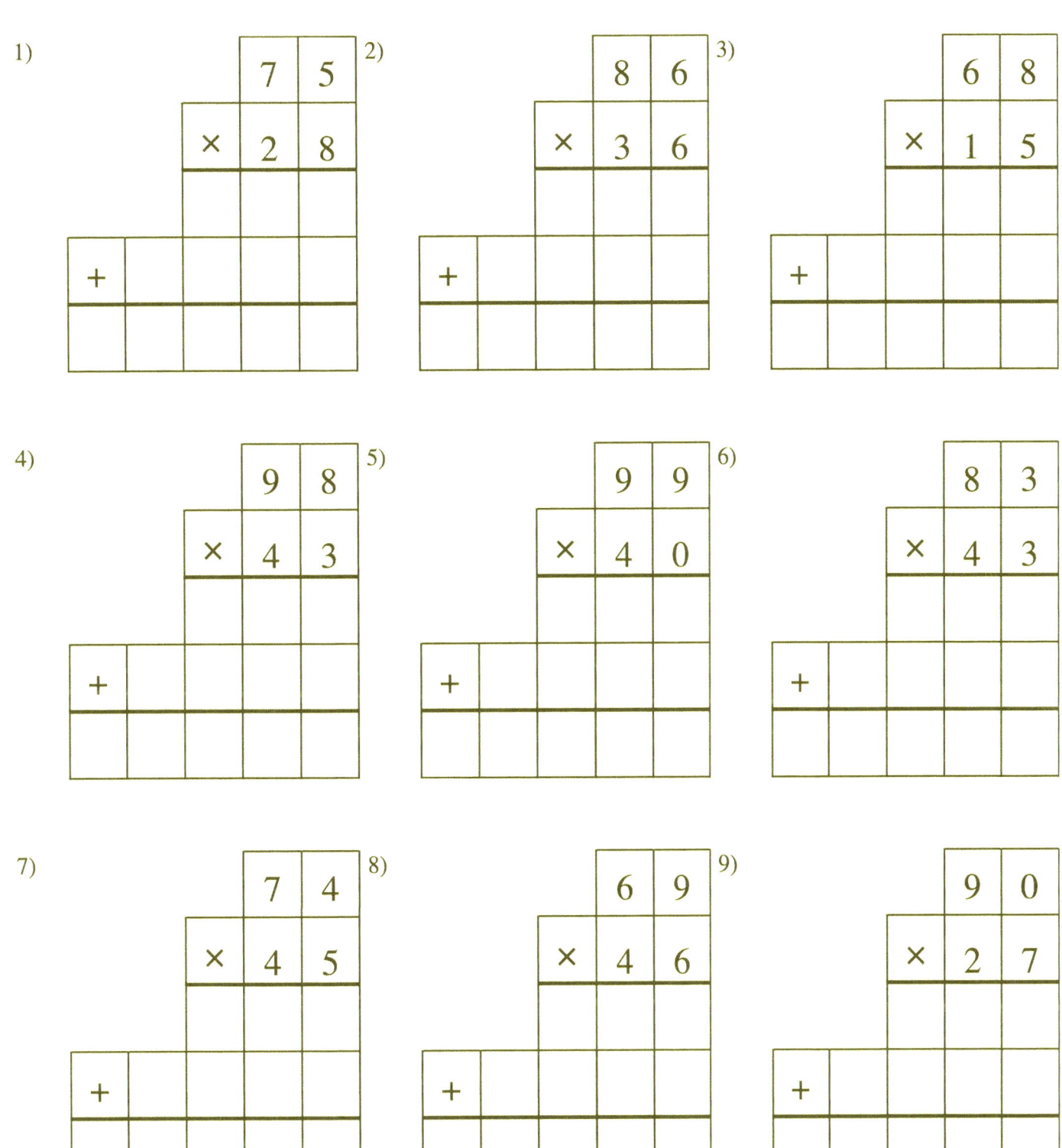

More Fun with Double Digits

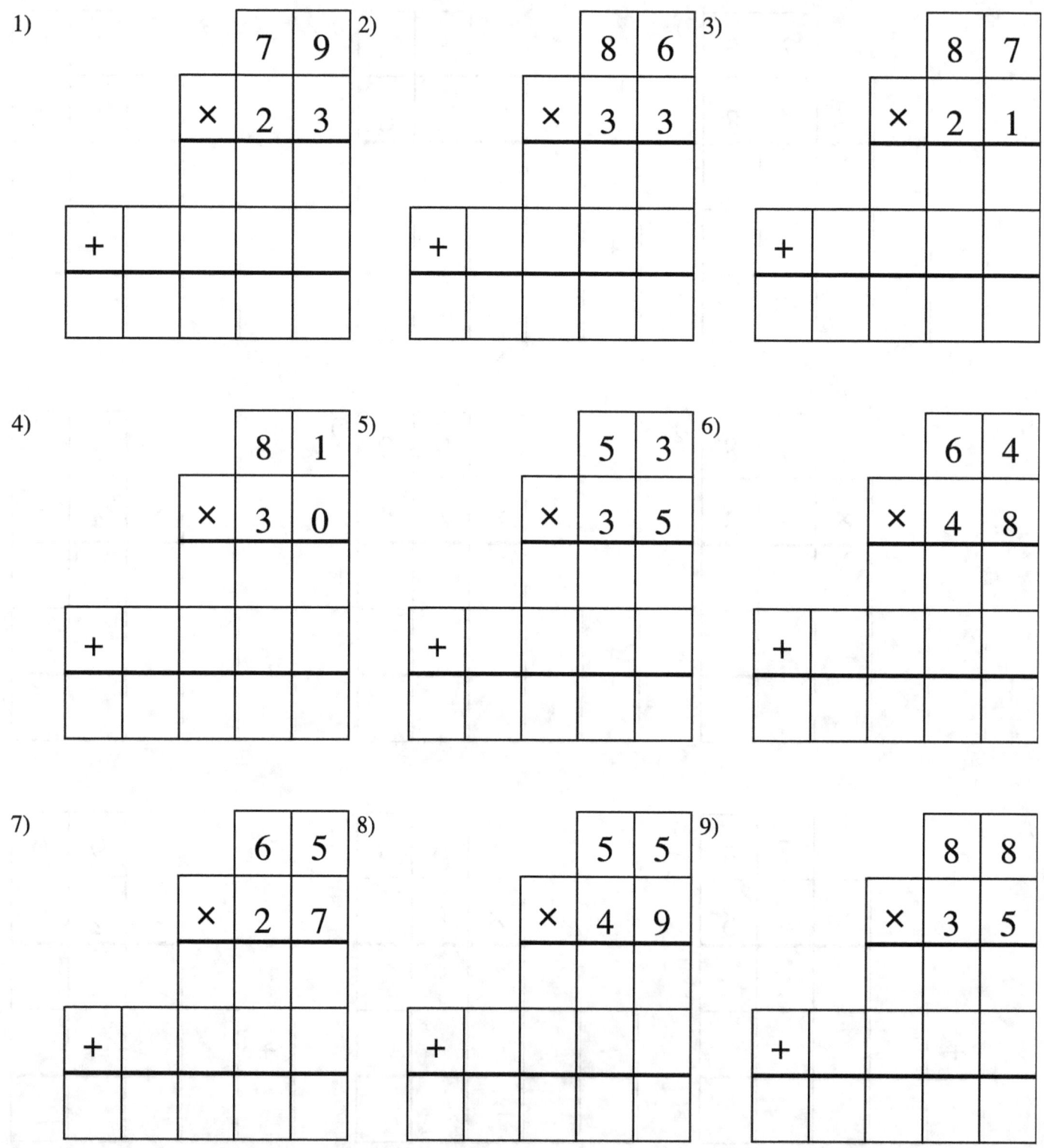

Page 52

More Fun with Double Digits

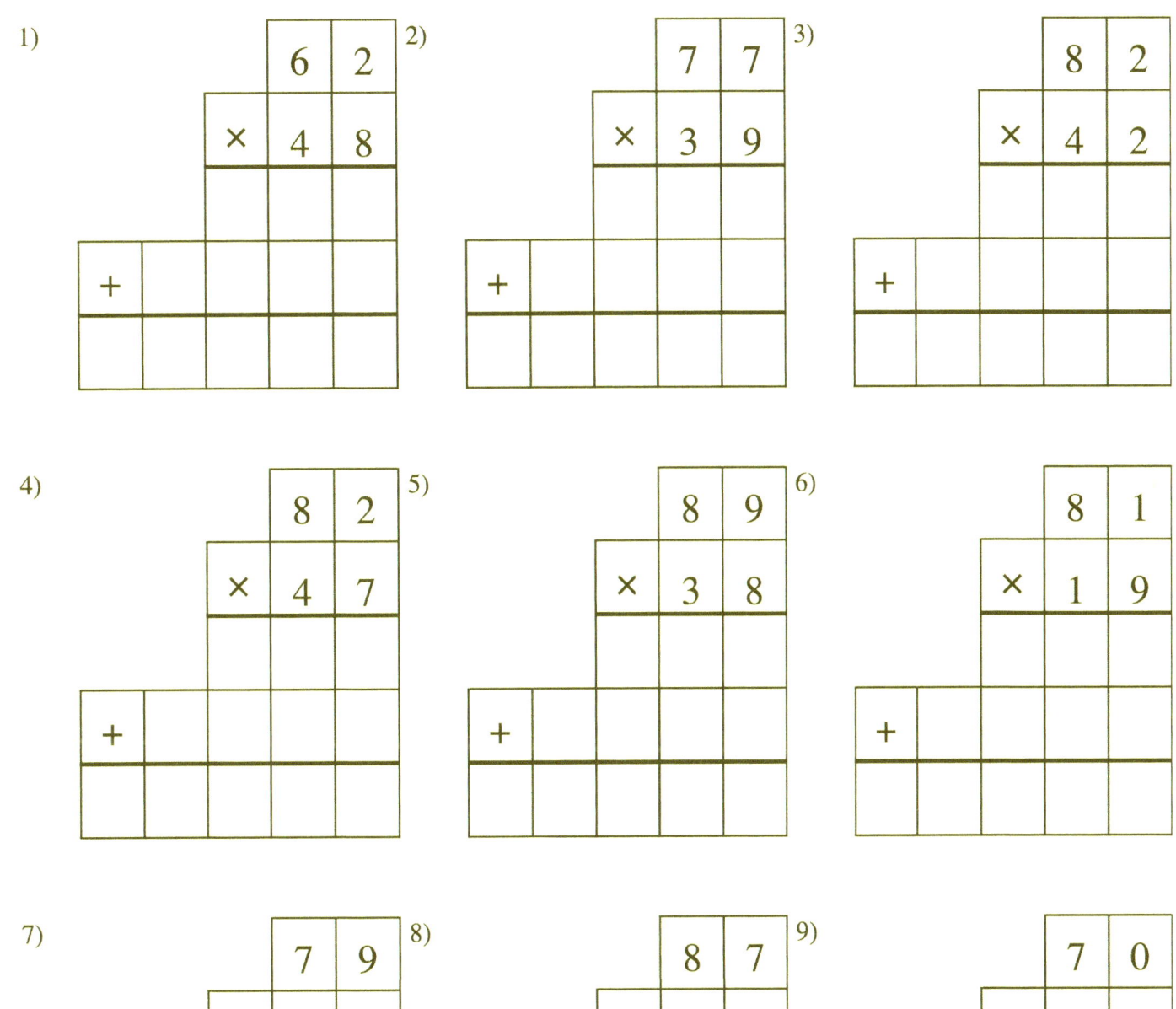

More Fun with Double Digits

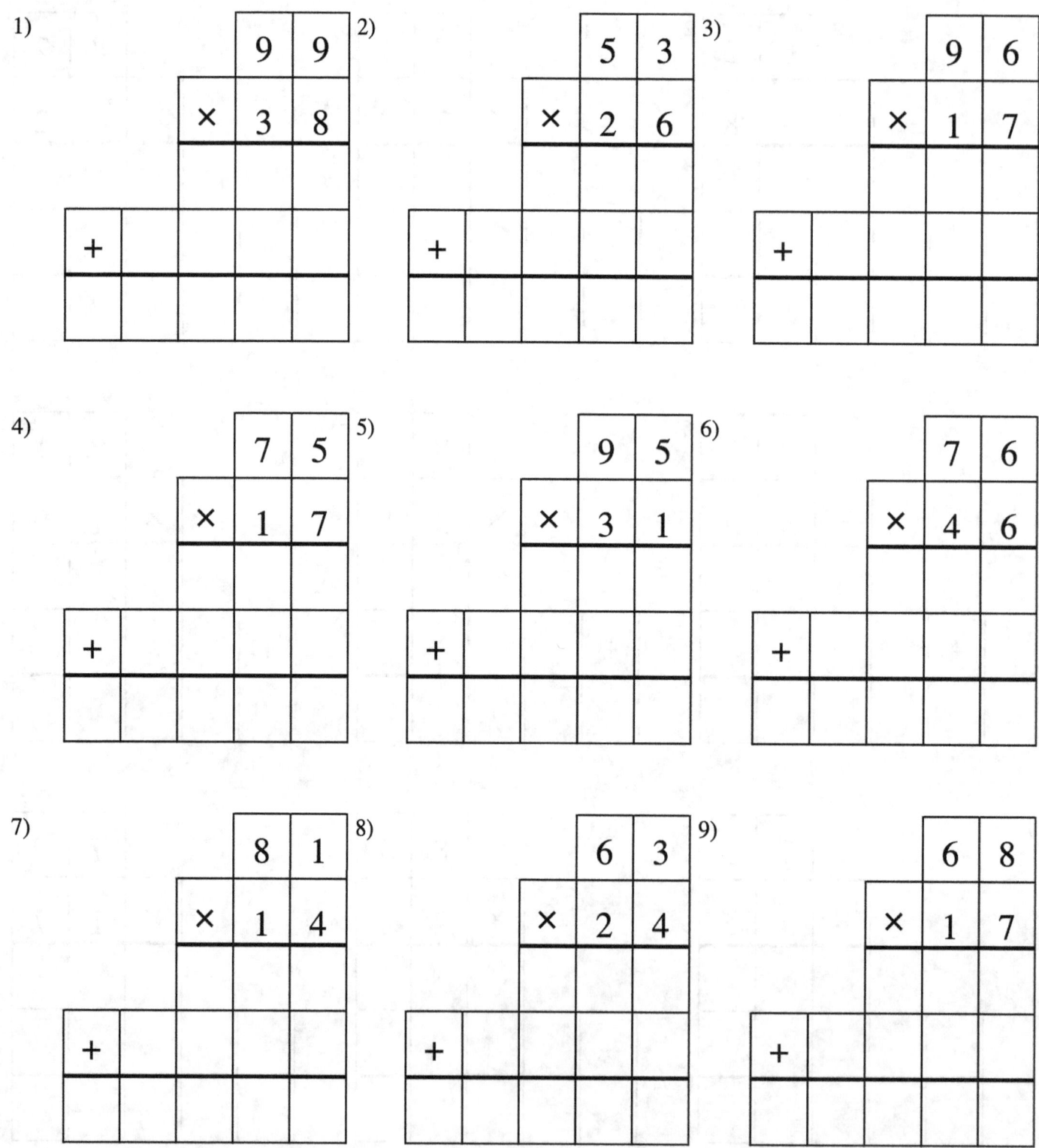

Page 54

More Fun with Double Digits

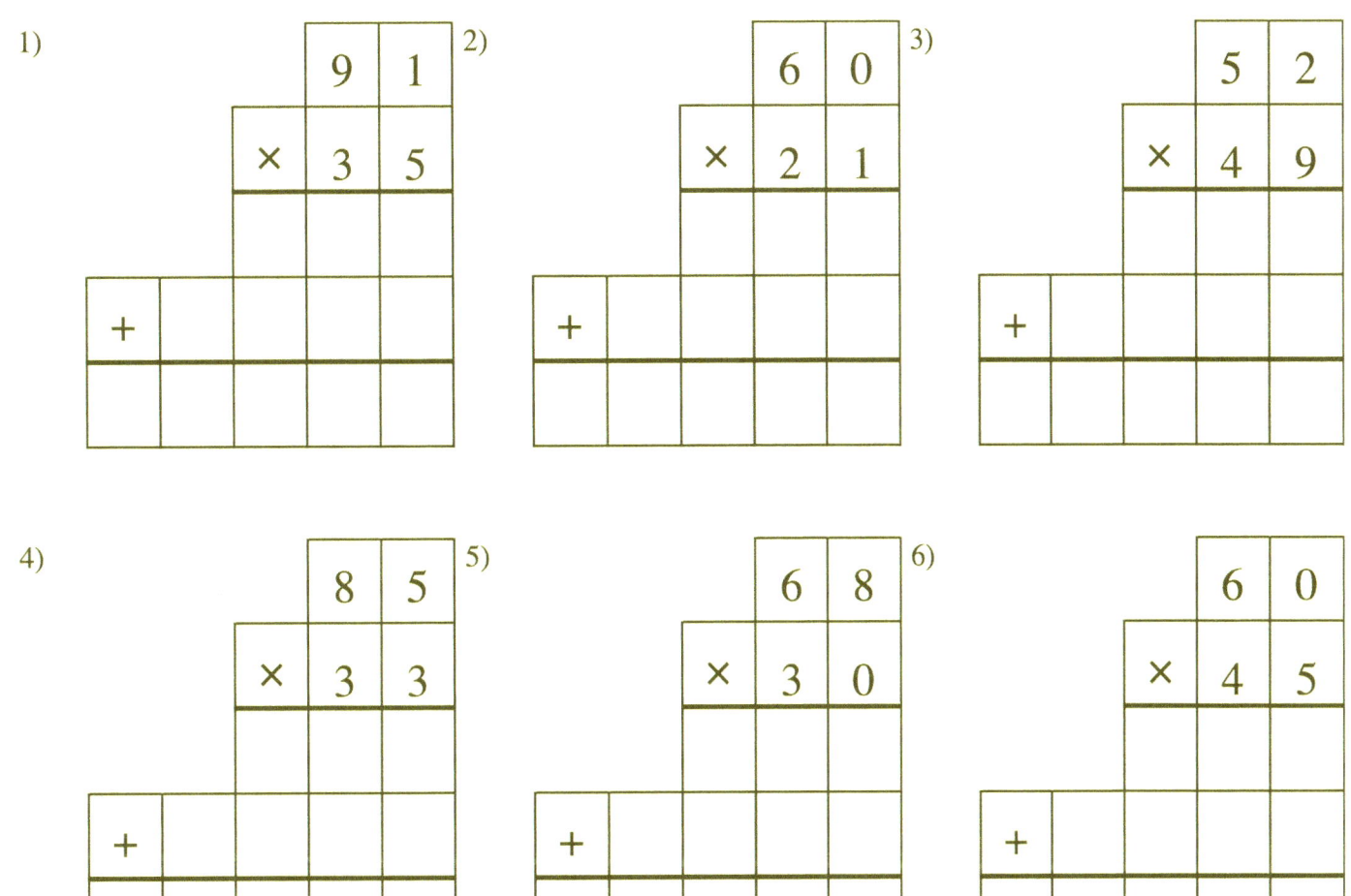

More Fun with Double Digits

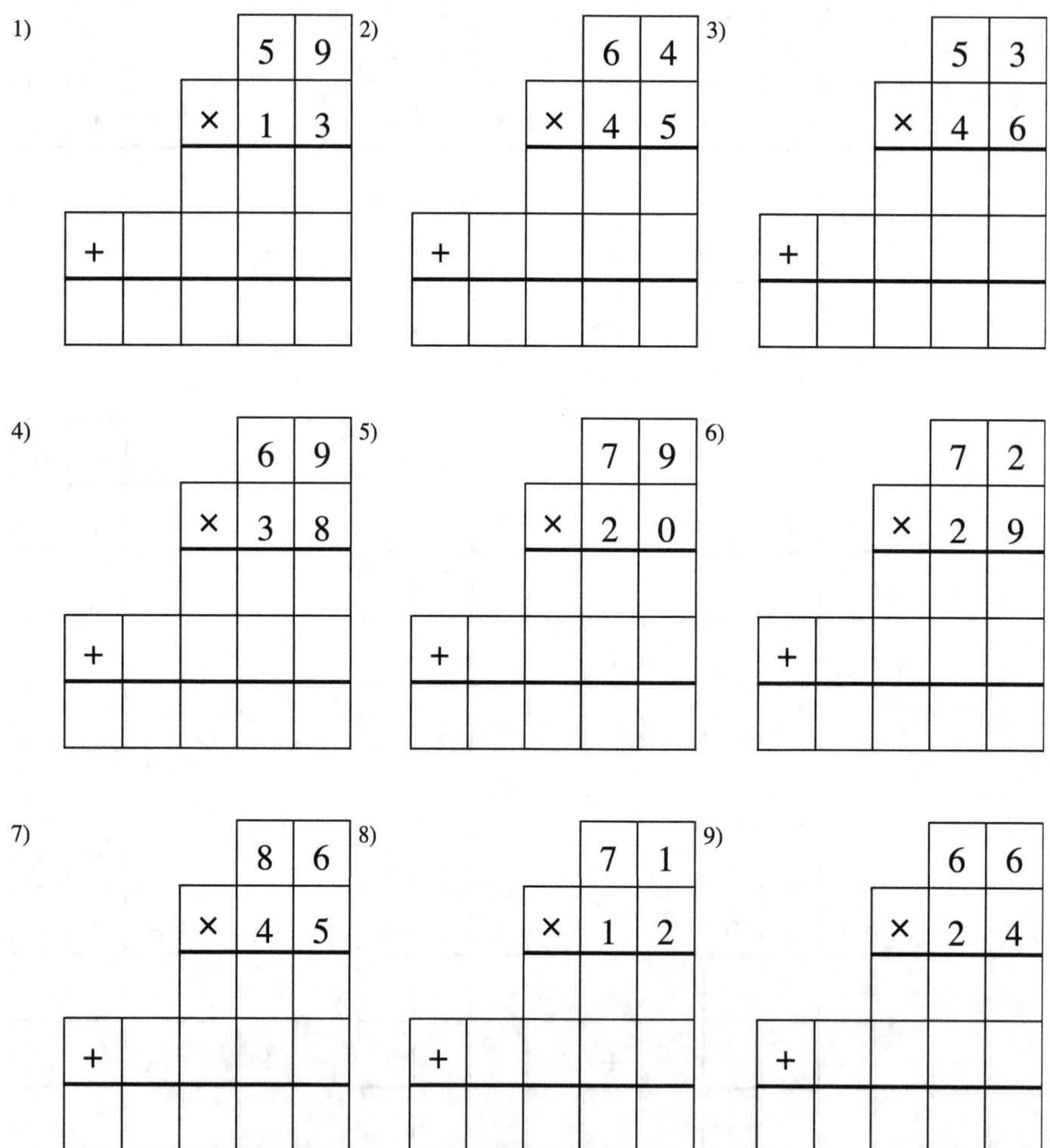

More Fun with Double Digits

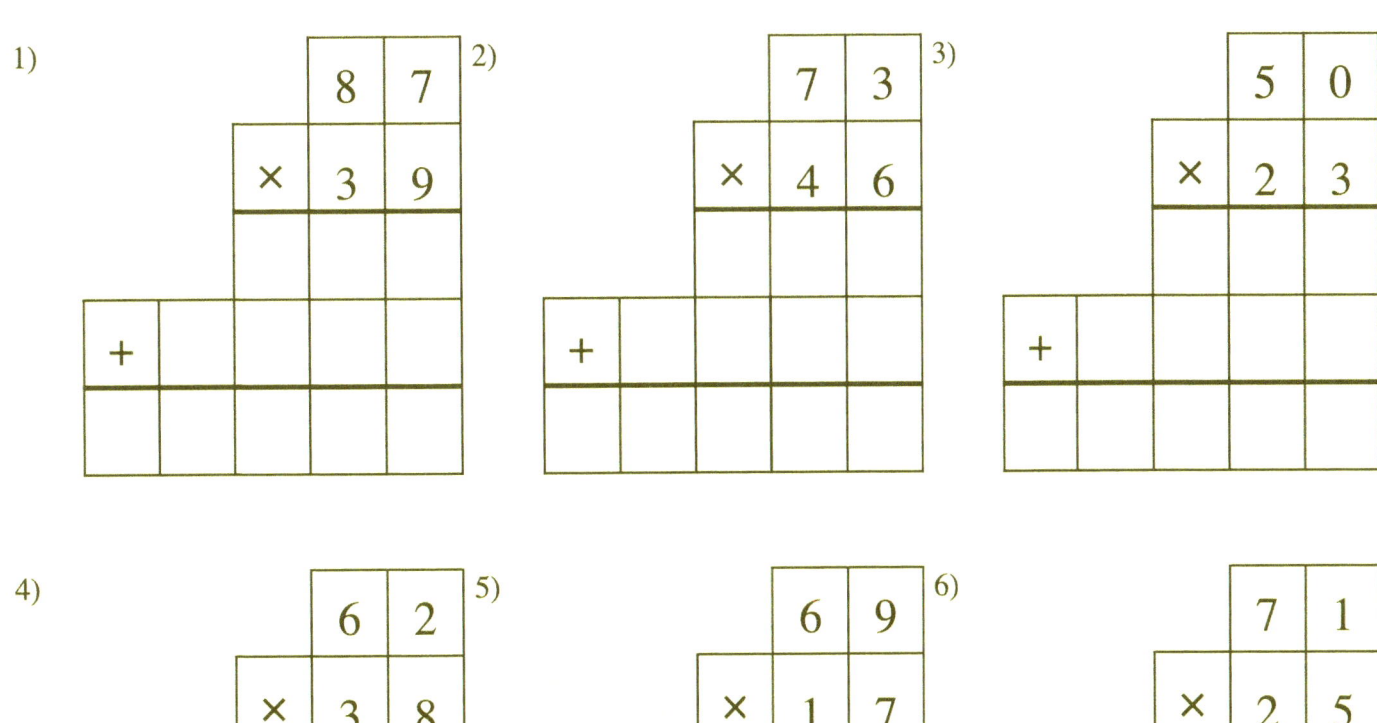

More Fun with Double Digits

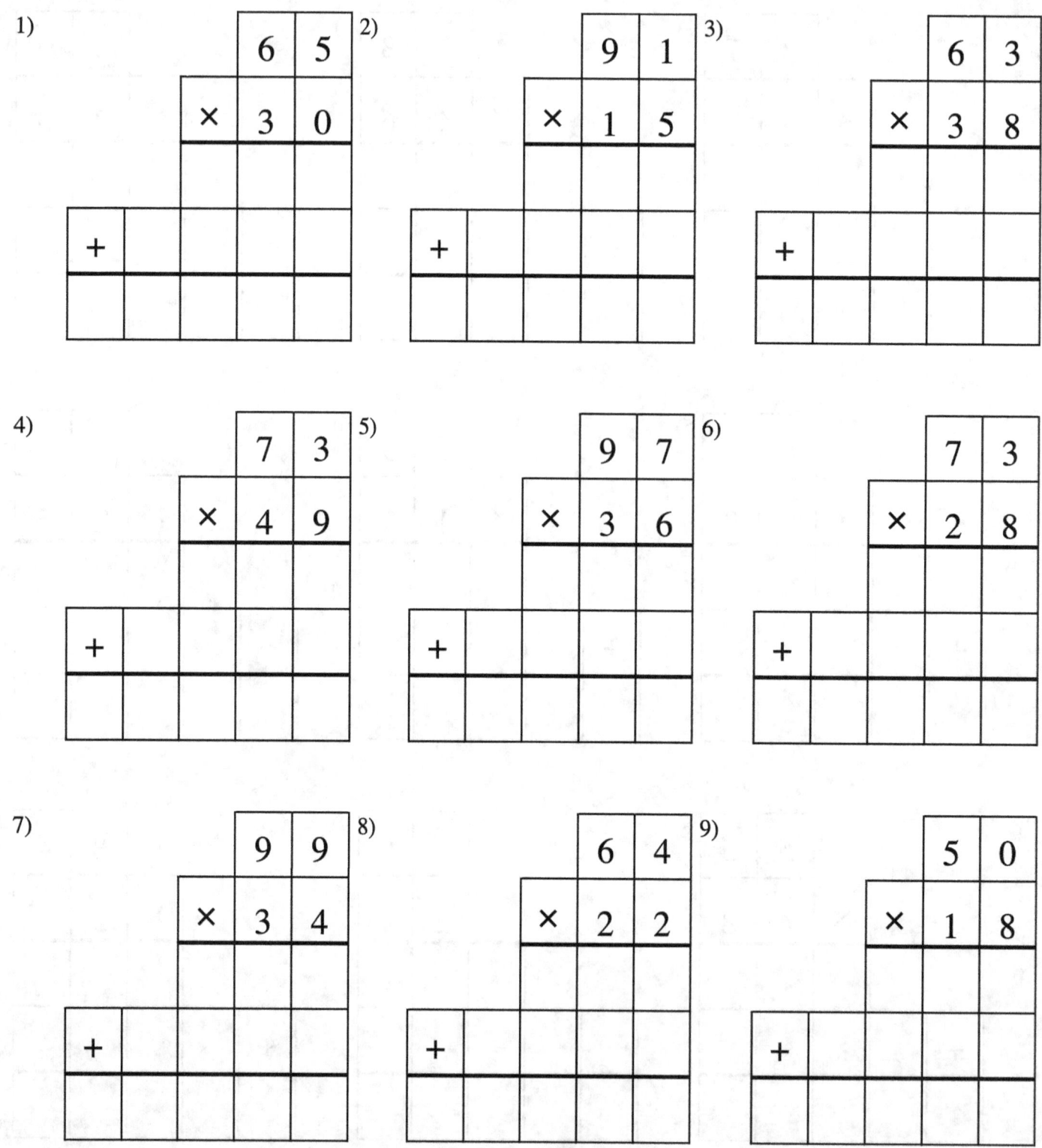

More Fun with Double Digits

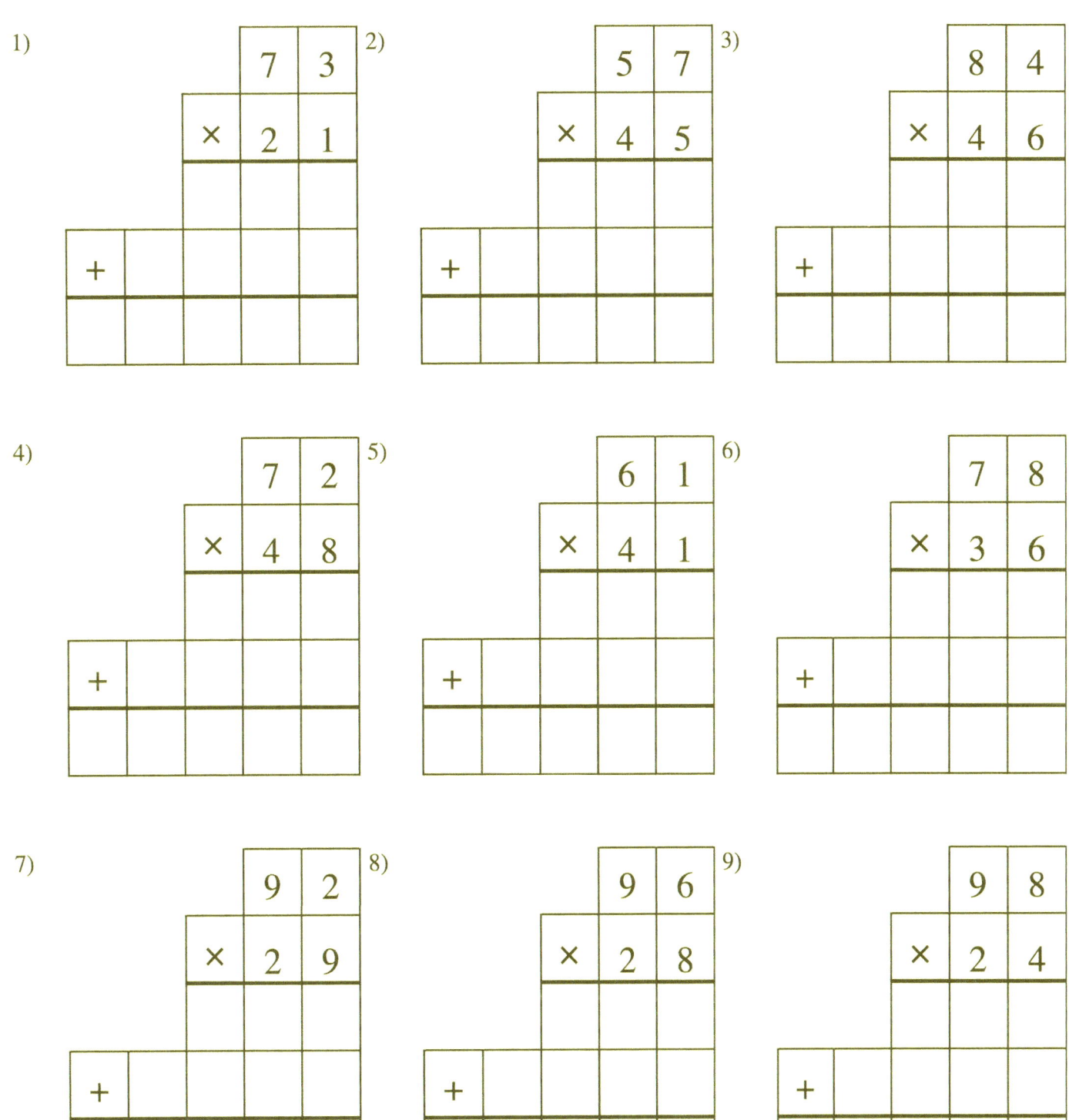

Let's Time It!

Time: /9

1) 57 × 20

2) 98 × 19

3) 91 × 26

4) 58 × 40

5) 89 × 33

6) 71 × 40

7) 51 × 21

8) 83 × 13

9) 93 × 37

Triple and Double Digits

1) 296 × 51

2) 711 × 58

3) 696 × 87

4) 636 × 12

5) 470 × 25

6) 570 × 88

Triple and Double Digits

1) 979 × 47

2) 655 × 61

3) 225 × 75

4) 751 × 46

5) 432 × 88

6) 547 × 17

Triple and Double Digits

1)
```
      9 3 9
　×　  1 4
  ─────────
```

2)
```
      7 2 5
  ×    2 2
  ─────────
```

3)
```
      1 4 1
  ×    4 3
  ─────────
```

4)
```
      1 4 6
  ×    6 6
  ─────────
```

5)
```
      7 3 4
  ×    4 1
  ─────────
```

6)
```
      4 4 9
  ×    3 0
  ─────────
```

Triple and Double Digits

1)
```
     5 5 4
  ×    3 8
  ─────────
+
  ─────────
```

2)
```
     1 3 2
  ×    6 2
  ─────────
+
  ─────────
```

3)
```
     9 6 2
  ×    3 8
  ─────────
+
  ─────────
```

4)
```
     8 4 2
  ×    3 0
  ─────────
+
  ─────────
```

5)
```
     2 4 6
  ×    1 0
  ─────────
+
  ─────────
```

6)
```
     8 0 2
  ×    7 3
  ─────────
+
  ─────────
```

Triple and Double Digits

1)
```
      2 3 3
    ×   2 1
    -------
```

2)
```
      6 7 2
    ×   4 7
    -------
```

3)
```
      3 4 5
    ×   3 6
    -------
```

4)
```
      3 5 9
    ×   5 2
    -------
```

5)
```
      6 5 0
    ×   5 6
    -------
```

6)
```
      1 0 7
    ×   9 4
    -------
```

Page 65

Triple and Double Digits

1)
```
      3 5 2
    ×   9 2
```

2)
```
      3 0 3
    ×   9 6
```

3)
```
      8 4 1
    ×   9 9
```

4)
```
      5 4 6
    ×   6 7
```

5)
```
      3 4 3
    ×   7 4
```

6)
```
      6 3 2
    ×   8 6
```

Triple and Double Digits

1)

```
      9 2 9
   ×    6 5
  _____
  
+
  _____
```

2)

```
      9 6 2
   ×    9 8
  _____

+
  _____
```

3)

```
      8 5 7
   ×    6 6
  _____

+
  _____
```

4)

```
      1 2 0
   ×    4 2
  _____

+
  _____
```

5)

```
      2 3 7
   ×    8 9
  _____

+
  _____
```

6)

```
      6 1 6
   ×    7 5
  _____

+
  _____
```

Triple and Double Digits

1)
```
      8 8 5
  ×     3 4
+ _____
  _____
```

2)
```
      6 8 1
  ×     3 8
+ _____
  _____
```

3)
```
      7 1 9
  ×     5 0
+ _____
  _____
```

4)
```
      8 9 4
  ×     7 2
+ _____
  _____
```

5)
```
      1 2 1
  ×     8 3
+ _____
  _____
```

6)
```
      7 0 7
  ×     7 0
+ _____
  _____
```

Triple and Double Digits

1)
```
      2 7 4
    ×   5 7
```

2)
```
      1 9 2
    ×   1 0
```

3)
```
      7 2 8
    ×   5 1
```

4)
```
      7 3 5
    ×   3 7
```

5)
```
      4 0 6
    ×   1 4
```

6)
```
      8 7 7
    ×   9 5
```

Triple and Double Digits

1)

```
        4 2 4
      ×   9 1
      _____
```

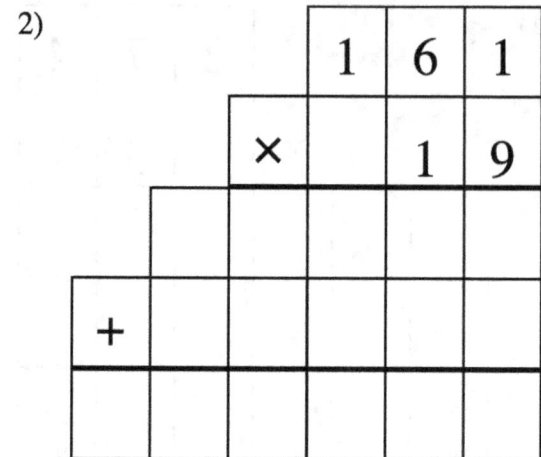

3)

```
        1 2 4
      ×   1 1
      _____
```

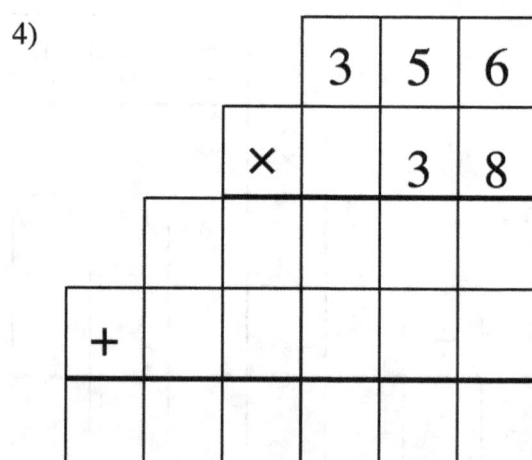

5)

```
        4 6 5
      ×   1 0
      _____
```

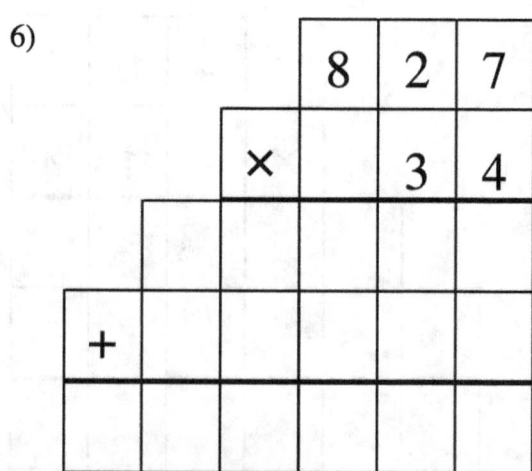

Triple and Double Digits

1)
```
      1 3 3
  ×     9 5
  ─────────
```

2)
```
      5 0 5
  ×     3 8
  ─────────
```

3)
```
      8 3 9
  ×     3 1
  ─────────
```

4)
```
      1 8 1
  ×     6 8
  ─────────
```

5)
```
      1 5 9
  ×     8 6
  ─────────
```

6)
```
      8 0 4
  ×     9 4
  ─────────
```

Triple and Double Digits

1)

```
      2 5 1
    ×   9 5
    ─────────
    
  +
    ─────────
```

2)

```
      4 8 8
    ×   8 7
    ─────────
    
  +
    ─────────
```

3)

```
      9 9 5
    ×   2 7
    ─────────
    
  +
    ─────────
```

4)

```
      7 2 0
    ×   9 2
    ─────────
    
  +
    ─────────
```

5)

```
      8 8 5
    ×   6 9
    ─────────
    
  +
    ─────────
```

6)

```
      6 5 2
    ×   1 1
    ─────────
    
  +
    ─────────
```

Triple and Double Digits

1)
```
      3 8 4
    ×   9 5
    ─────────
```

2)
```
      9 6 6
    ×   1 5
    ─────────
```

3)
```
      9 7 4
    ×   4 1
    ─────────
```

4)
```
      4 0 0
    ×   1 4
    ─────────
```

5)
```
      1 1 4
    ×   1 3
    ─────────
```

6)
```
      1 5 1
    ×   9 5
    ─────────
```

Triple and Double Digits

1)
$$\begin{array}{r} 942 \\ \times\ 35 \\ \hline \end{array}$$

2)
$$\begin{array}{r} 185 \\ \times\ 74 \\ \hline \end{array}$$

3)
$$\begin{array}{r} 667 \\ \times\ 68 \\ \hline \end{array}$$

4)
$$\begin{array}{r} 714 \\ \times\ 46 \\ \hline \end{array}$$

5)
$$\begin{array}{r} 330 \\ \times\ 86 \\ \hline \end{array}$$

6)
$$\begin{array}{r} 966 \\ \times\ 83 \\ \hline \end{array}$$

Triple and Double Digits

1)
```
      9 6 1
    ×   1 8
    -------
```

2)
```
      9 3 4
    ×   4 9
    -------
```

3)
```
      8 2 8
    ×   8 8
    -------
```

4)
```
      2 2 0
    ×   4 6
    -------
```

5)
```
      6 4 9
    ×   5 3
    -------
```

6)
```
      3 3 0
    ×   3 0
    -------
```

Page 75

Triple and Double Digits

1)
```
       9 7 6
    ×    3 8
  + _____
   _____
```

2)
```
       7 6 8
    ×    7 2
  + _____
   _____
```

3)
```
       9 2 0
    ×    6 1
  + _____
   _____
```

4)
```
       9 6 7
    ×    8 2
  + _____
   _____
```

5)
```
       4 5 4
    ×    4 8
  + _____
   _____
```

6)
```
       7 6 7
    ×    5 9
  + _____
   _____
```

Triple and Double Digits

1)
```
      1 6 7
   ×    4 1
   ─────────
   
   
 +
   ─────────
```

2)
```
      5 1 6
   ×    6 0
   ─────────
   
   
 +
   ─────────
```

3)
```
      2 4 1
   ×    2 9
   ─────────
   
   
 +
   ─────────
```

4)
```
      1 0 0
   ×    2 8
   ─────────
   
   
 +
   ─────────
```

5)
```
      5 7 4
   ×    1 2
   ─────────
   
   
 +
   ─────────
```

6)
```
      1 9 5
   ×    4 3
   ─────────
   
   
 +
   ─────────
```

Triple and Double Digits

1)

```
      6 8 8
  ×     6 3
  ─────────
+
  ─────────
```

2)

```
      3 1 6
  ×     2 8
  ─────────
+
  ─────────
```

3)

```
      4 8 0
  ×     1 5
  ─────────
+
  ─────────
```

4)

```
      2 1 4
  ×     6 6
  ─────────
+
  ─────────
```

5)

```
      9 8 8
  ×     8 9
  ─────────
+
  ─────────
```

6)

```
      9 4 8
  ×     9 3
  ─────────
+
  ─────────
```

Triple and Double Digits

1)
```
      8 7 8
    ×   8 2
  ─────────
  +
  ─────────
```

2)
```
      5 9 0
    ×   9 2
  ─────────
  +
  ─────────
```

3)
```
      9 4 3
    ×   9 4
  ─────────
  +
  ─────────
```

4)
```
      6 4 5
    ×   6 1
  ─────────
  +
  ─────────
```

5)
```
      8 0 2
    ×   1 5
  ─────────
  +
  ─────────
```

6)
```
      7 3 2
    ×   3 1
  ─────────
  +
  ─────────
```

Let's Time It!

Time: /6

1)
$$\begin{array}{r} 958 \\ \times\ 34 \\ \hline \end{array}$$

2)
$$\begin{array}{r} 916 \\ \times\ 77 \\ \hline \end{array}$$

3)
$$\begin{array}{r} 725 \\ \times\ 29 \\ \hline \end{array}$$

4)
$$\begin{array}{r} 893 \\ \times\ 30 \\ \hline \end{array}$$

5)
$$\begin{array}{r} 532 \\ \times\ 97 \\ \hline \end{array}$$

6)
$$\begin{array}{r} 717 \\ \times\ 69 \\ \hline \end{array}$$

Triple Digit Challenge

1) 742 × 351

2) 828 × 905

3) 348 × 416

4) 721 × 950

5) 482 × 651

6) 700 × 659

Page 81

Triple Digit Challenge

1) 508 × 466

2) 978 × 385

3) 491 × 526

4) 550 × 715

5) 576 × 575

6) 793 × 961

Triple Digit Challenge

1) 684 × 972

2) 447 × 935

3) 607 × 758

4) 518 × 447

5) 872 × 632

6) 895 × 754

Page 83

Triple Digit Challenge

1)
```
        9 2 5
    ×   6 8 6
    _____
   +
    _____
```

2)
```
        7 9 8
    ×   7 5 6
    _____
   +
    _____
```

3)
```
        9 3 8
    ×   9 1 9
    _____
   +
    _____
```

4)
```
        7 7 3
    ×   8 9 2
    _____
   +
    _____
```

5)
```
        6 8 7
    ×   8 0 6
    _____
   +
    _____
```

6)
```
        7 0 5
    ×   8 6 3
    _____
   +
    _____
```

Triple Digit Challenge

1) 823 × 641

2) 998 × 760

3) 434 × 375

4) 643 × 847

5) 540 × 538

6) 821 × 930

Triple Digit Challenge

1) 678 × 911

2) 660 × 719

3) 937 × 977

4) 848 × 858

5) 646 × 332

6) 356 × 560

Triple Digit Challenge

1) 663 × 807

2) 906 × 389

3) 628 × 627

4) 417 × 784

5) 590 × 379

6) 892 × 804

Triple Digit Challenge

1) 433 × 616

2) 635 × 907

3) 790 × 585

4) 329 × 763

5) 377 × 409

6) 564 × 713

Triple Digit Challenge

1) 393 × 611

2) 717 × 454

3) 838 × 620

4) 906 × 681

5) 665 × 396

6) 353 × 696

Triple Digit Challenge

1) 922 × 393

2) 917 × 377

3) 952 × 800

4) 742 × 923

5) 368 × 929

6) 590 × 880

Triple Digit Challenge

1) 417 × 704

2) 912 × 586

3) 796 × 967

4) 380 × 544

5) 599 × 323

6) 330 × 694

Triple Digit Challenge

1)
```
        5 6 8
    ×   9 7 2
    ─────────
```

2)
```
        7 2 0
    ×   7 1 6
    ─────────
```

3)
```
        4 0 3
    ×   7 0 4
    ─────────
```

4)
```
        7 8 6
    ×   7 7 7
    ─────────
```

5)
```
        6 7 2
    ×   7 7 9
    ─────────
```

6)
```
        7 6 6
    ×   7 5 8
    ─────────
```

Triple Digit Challenge

1)
```
    9 2 3
  × 4 3 4
```

2)
```
    8 0 4
  × 4 3 2
```

3)
```
    7 2 5
  × 4 7 1
```

4)
```
    6 3 7
  × 4 1 7
```

5)
```
    6 4 7
  × 9 7 5
```

6)
```
    9 4 5
  × 8 6 4
```

Triple Digit Challenge

1)
```
      6 4 4
    × 4 4 1
    -------
    +
    -------
```

2)
```
      7 7 3
    × 9 9 2
    -------
    +
    -------
```

3)
```
      4 8 7
    × 8 3 6
    -------
    +
    -------
```

4)
```
      7 8 6
    × 3 5 4
    -------
    +
    -------
```

5)
```
      9 8 2
    × 3 4 1
    -------
    +
    -------
```

6)
```
      6 7 7
    × 8 7 3
    -------
    +
    -------
```

Triple Digit Challenge

1) 657 × 783

2) 858 × 954

3) 789 × 761

4) 596 × 995

5) 656 × 501

6) 397 × 322

Triple Digit Challenge

1) 607 × 982

2) 460 × 709

3) 620 × 883

4) 977 × 848

5) 392 × 677

6) 741 × 582

Triple Digit Challenge

1) 913 × 734

2) 547 × 544

3) 367 × 855

4) 826 × 672

5) 988 × 798

6) 584 × 538

Triple Digit Challenge

1)
```
      8 3 0
    × 8 3 4
    -------
```

2)
```
      6 1 5
    × 7 3 3
    -------
```

3)
```
      8 4 7
    × 6 5 4
    -------
```

4)
```
      5 5 4
    × 4 0 4
    -------
```

5)
```
      3 7 1
    × 5 4 0
    -------
```

6)
```
      6 7 6
    × 9 3 6
    -------
```

Triple Digit Challenge

1) 856 × 895

2) 679 × 786

3) 584 × 665

4) 631 × 658

5) 780 × 565

6) 996 × 668

Let's Time It!

Time: /6

1) 598 × 540

2) 909 × 914

3) 826 × 327

4) 454 × 390

5) 659 × 947

6) 880 × 790

Solutions

Page 1
(1)0 (2)8 (3)21 (4)0 (5)18 (6)5 (7)4 (8)64 (9)0 (10)0 (11)8 (12)45 (13)24 (14)63 (15)42 (16)0 (17)20 (18)48 (19)36 (20)28 (21)8 (22)18 (23)6 (24)21 (25)8 (26)14 (27)56 (28)45 (29)5 (30)16 (31)0 (32)72 (33)72 (34)63 (35)8 (36)12 (37)4 (38)42 (39)0 (40)28 (41)45 (42)3 (43)8 (44)9 (45)8 (46)0 (47)0 (48)0 (49)72 (50)21 (51)0 (52)0 (53)18 (54)7 (55)8 (56)36 (57)49 (58)0 (59)54 (60)35

Page 2
(1)15 (2)18 (3)45 (4)32 (5)14 (6)24 (7)35 (8)40 (9)20 (10)1 (11)3 (12)3 (13)25 (14)20 (15)64 (16)40 (17)7 (18)18 (19)18 (20)32 (21)5 (22)7 (23)24 (24)24 (25)9 (26)27 (27)42 (28)35 (29)8 (30)12 (31)24 (32)10 (33)12 (34)30 (35)5 (36)54 (37)56 (38)35 (39)6 (40)72 (41)4 (42)8 (43)18 (44)14 (45)42

Page 3
(1)8 (2)54 (3)32 (4)0 (5)56 (6)3 (7)35 (8)16 (9)0 (10)6 (11)2 (12)30 (13)12 (14)2 (15)3 (16)0 (17)0 (18)45 (19)42 (20)16 (21)6 (22)6 (23)3 (24)40 (25)27 (26)0 (27)20 (28)54 (29)42 (30)0 (31)8 (32)0 (33)16 (34)0 (35)0 (36)32 (37)40 (38)3 (39)0 (40)35 (41)8 (42)63 (43)10 (44)6 (45)24 (46)8 (47)18 (48)42 (49)0 (50)14 (51)0 (52)15 (53)36 (54)8 (55)9 (56)0 (57)63 (58)45 (59)28 (60)8

Page 4
(1)3 (2)3 (3)4 (4)9 (5)6 (6)8 (7)2 (8)5 (9)1 (10)9 (11)2 (12)3 (13)6 (14)8 (15)5 (16)1 (17)7 (18)8 (19)1 (20)9 (21)2 (22)1 (23)4 (24)7 (25)4 (26)7 (27)9 (28)8 (29)9 (30)3 (31)6 (32)9 (33)8 (34)3 (35)8 (36)9 (37)4 (38)8 (39)2 (40)3 (41)1 (42)2 (43)9 (44)6 (45)6

Page 5
(1)64 (2)20 (3)16 (4)54 (5)16 (6)0 (7)54 (8)5 (9)0 (10)0 (11)18 (12)7 (13)20 (14)42 (15)28 (16)30 (17)0 (18)12 (19)63 (20)12 (21)0 (22)45 (23)49 (24)16 (25)42 (26)18 (27)0 (28)27 (29)6 (30)20 (31)56 (32)12 (33)0 (34)42 (35)0 (36)0 (37)0 (38)16 (39)8 (40)25 (41)49 (42)0 (43)0 (44)24 (45)2 (46)0 (47)56 (48)1 (49)9 (50)0 (51)0 (52)0 (53)6 (54)0 (55)0 (56)10 (57)45 (58)12 (59)8 (60)7

Page 6
(1)27 (2)18 (3)56 (4)20 (5)7 (6)36 (7)81 (8)9 (9)56 (10)7 (11)12 (12)9 (13)18 (14)18 (15)2 (16)5 (17)9 (18)56 (19)3 (20)54 (21)20 (22)36 (23)81 (24)40 (25)18 (26)8 (27)18 (28)16 (29)64 (30)45 (31)7 (32)35 (33)36 (34)15 (35)32 (36)24 (37)16 (38)54 (39)8 (40)54 (41)24 (42)45 (43)4 (44)54 (45)9

Page 7
(1)21 (2)64 (3)2 (4)0 (5)12 (6)54 (7)8 (8)36 (9)0 (10)21 (11)42 (12)6 (13)0 (14)48 (15)0 (16)5 (17)21 (18)0 (19)12 (20)45 (21)9 (22)56 (23)2 (24)10 (25)0 (26)5 (27)35 (28)0 (29)25 (30)0 (31)28 (32)24 (33)0 (34)24 (35)6 (36)0 (37)15 (38)5 (39)20 (40)10 (41)14 (42)12 (43)0 (44)9 (45)14 (46)40 (47)6 (48)72 (49)15 (50)0 (51)8 (52)0 (53)0 (54)36 (55)10 (56)54 (57)0 (58)0 (59)18 (60)30

Page 8
(1)2 (2)3 (3)4 (4)8 (5)2 (6)2 (7)6 (8)6 (9)2 (10)2 (11)9 (12)3 (13)7 (14)7 (15)6 (16)8 (17)9 (18)3 (19)9 (20)4 (21)6 (22)9 (23)2 (24)4 (25)7 (26)5 (27)6 (28)9 (29)4 (30)7 (31)7 (32)2 (33)1 (34)3 (35)3 (36)8 (37)5 (38)2 (39)8 (40)6 (41)5 (42)5 (43)1 (44)5 (45)1

Solutions

Page 9
(1)1 (2)4 (3)48 (4)81 (5)24 (6)24 (7)18 (8)0 (9)72 (10)18 (11)1 (12)63 (13)45 (14)40 (15)0 (16)6 (17)45 (18)0 (19)16 (20)0 (21)72 (22)18 (23)2 (24)10 (25)0 (26)12 (27)0 (28)1 (29)2 (30)56 (31)40 (32)0 (33)72 (34)15 (35)27 (36)45 (37)8 (38)4 (39)12 (40)30 (41)0 (42)42 (43)6 (44)0 (45)6 (46)2 (47)56 (48)15 (49)27 (50)12 (51)49 (52)9 (53)21 (54)81 (55)36 (56)2 (57)7 (58)20 (59)18 (60)14

Page 10 (Top of Page 1 - 30)
(1)0 (2)0 (3)42 (4)0 (5)0 (6)0 (7)32 (8)35 (9)6 (10)70 (11)0 (12)81 (13)0 (14)10 (15)36 (16)1 (17)0 (18)18 (19)10 (20)8 (21)24 (22)6 (23)0 (24)0 (25)54 (26)0 (27)36 (28)2 (29)24 (30)45

Page 10 (Bottom of Page 1 - 24)
(1)3 (2)1 (3)2 (4)3 (5)5 (6)9 (7)3 (8)4 (9)3 (10)4 (11)8 (12)9 (13)5 (14)8 (15)5 (16)9 (17)2 (18)5 (19)3 (20)4 (21)2 (22)3 (23)8 (24)4

Page 11
(1)70 (2)6 (3)28 (4)2 (5)54 (6)36 (7)18 (8)36 (9)12 (10)6 (11)0 (12)80 (13)0 (14)0 (15)10 (16)24 (17)15 (18)0 (19)66 (20)18 (21)77 (22)0 (23)42 (24)27 (25)0 (26)28 (27)3 (28)18 (29)9 (30)0 (31)63 (32)77 (33)40 (34)30 (35)16 (36)8 (37)0 (38)0 (39)9 (40)50 (41)77 (42)9 (43)16 (44)21 (45)6 (46)72 (47)42 (48)21 (49)21 (50)24 (51)5 (52)10 (53)12 (54)0 (55)54 (56)32 (57)24 (58)8 (59)63 (60)18

Page 12
(1)3 (2)20 (3)10 (4)70 (5)48 (6)32 (7)12 (8)14 (9)56 (10)18 (11)6 (12)16 (13)54 (14)55 (15)10 (16)20 (17)27 (18)20 (19)72 (20)8 (21)50 (22)60 (23)8 (24)6 (25)54 (26)66 (27)22 (28)81 (29)60 (30)28 (31)21 (32)35 (33)32 (34)2 (35)40 (36)24 (37)45 (38)7 (39)56 (40)28 (41)28 (42)64 (43)10 (44)20 (45)96

Page 13
(1)96 (2)20 (3)8 (4)7 (5)9 (6)0 (7)60 (8)42 (9)30 (10)18 (11)77 (12)21 (13)27 (14)70 (15)54 (16)40 (17)64 (18)108 (19)84 (20)48 (21)40 (22)0 (23)9 (24)90 (25)10 (26)25 (27)30 (28)0 (29)32 (30)6 (31)25 (32)40 (33)96 (34)8 (35)12 (36)0 (37)28 (38)18 (39)27 (40)4 (41)50 (42)12 (43)12 (44)35 (45)0 (46)0 (47)42 (48)35 (49)21 (50)88 (51)12 (52)45 (53)10 (54)64 (55)80 (56)0 (57)0 (58)28 (59)81 (60)35

Page 14
(1)28 (2)36 (3)64 (4)4 (5)30 (6)45 (7)63 (8)35 (9)6 (10)27 (11)12 (12)108 (13)1 (14)15 (15)55 (16)14 (17)21 (18)21 (19)24 (20)24 (21)64 (22)45 (23)49 (24)10 (25)16 (26)1 (27)16 (28)8 (29)77 (30)25 (31)12 (32)4 (33)25 (34)30 (35)16 (36)36 (37)36 (38)18 (39)9 (40)81 (41)42 (42)63 (43)48 (44)20 (45)72

Page 15
(1)18 (2)36 (3)25 (4)3 (5)40 (6)12 (7)0 (8)45 (9)20 (10)18 (11)4 (12)72 (13)0 (14)16 (15)21 (16)24 (17)0 (18)60 (19)6 (20)9 (21)0 (22)56 (23)63 (24)3 (25)9 (26)70 (27)12 (28)66 (29)32 (30)10 (31)0 (32)0 (33)24 (34)30 (35)32 (36)60 (37)90 (38)36 (39)8 (40)16 (41)72 (42)0 (43)24 (44)0 (45)24 (46)72 (47)77 (48)4 (49)0 (50)4 (51)12 (52)8 (53)20 (54)6 (55)0 (56)16 (57)50 (58)54 (59)9 (60)28

Page 16
(1)30 (2)40 (3)12 (4)8 (5)20 (6)48 (7)18 (8)11 (9)28 (10)36 (11)80 (12)54 (13)60 (14)66 (15)64 (16)36 (17)24 (18)24 (19)22 (20)24 (21)35 (22)20 (23)3 (24)28 (25)2 (26)32 (27)30 (28)60 (29)88 (30)44 (31)4 (32)8 (33)1 (34)36 (35)18 (36)42 (37)90 (38)30 (39)8 (40)9 (41)60 (42)72 (43)66 (44)108 (45)22

Solutions

Page 17
(1)5 (2)0 (3)0 (4)24 (5)10 (6)10 (7)12 (8)21 (9)4 (10)45 (11)35 (12)0 (13)42 (14)36 (15)0 (16)15 (17)0 (18)8 (19)0 (20)24 (21)6 (22)36 (23)63 (24)18 (25)0 (26)44 (27)90 (28)0 (29)9 (30)40 (31)32 (32)36 (33)0 (34)6 (35)36 (36)10 (37)5 (38)36 (39)14 (40)8 (41)5 (42)0 (43)60 (44)21 (45)12 (46)16 (47)36 (48)0 (49)8 (50)54 (51)2 (52)18 (53)33 (54)84 (55)0 (56)9 (57)11 (58)99 (59)88 (60)0

Page 18
(1)72 (2)3 (3)18 (4)2 (5)60 (6)6 (7)42 (8)72 (9)18 (10)16 (11)16 (12)44 (13)28 (14)63 (15)15 (16)72 (17)12 (18)60 (19)36 (20)45 (21)70 (22)5 (23)32 (24)8 (25)18 (26)33 (27)12 (28)9 (29)16 (30)84 (31)55 (32)3 (33)56 (34)18 (35)36 (36)27 (37)12 (38)9 (39)60 (40)16 (41)16 (42)66 (43)64 (44)18 (45)14

Page 19
(1)36 (2)5 (3)32 (4)63 (5)63 (6)90 (7)48 (8)0 (9)50 (10)0 (11)30 (12)0 (13)27 (14)20 (15)9 (16)55 (17)4 (18)64 (19)0 (20)10 (21)20 (22)42 (23)2 (24)6 (25)55 (26)0 (27)0 (28)0 (29)18 (30)3 (31)18 (32)35 (33)0 (34)0 (35)10 (36)72 (37)64 (38)77 (39)0 (40)18 (41)8 (42)84 (43)66 (44)12 (45)0 (46)72 (47)72 (48)6 (49)11 (50)4 (51)27 (52)25 (53)10 (54)48 (55)28 (56)6 (57)10 (58)0 (59)56 (60)90

Page 20 (Top of Page 1 - 30)
(1)8 (2)88 (3)72 (4)66 (5)42 (6)70 (7)20 (8)14 (9)5 (10)60 (11)12 (12)32 (13)16 (14)45 (15)20 (16)3 (17)70 (18)14 (19)28 (20)80 (21)84 (22)45 (23)24 (24)27 (25)5 (26)24 (27)99 (28)60 (29)3 (30)32

Page 20 (Bottom of Page 1 - 24)
(1)9 (2)40 (3)56 (4)10 (5)6 (6)88 (7)20 (8)32 (9)24 (10)54 (11)6 (12)18 (13)36 (14)11 (15)42 (16)15 (17)88 (18)12 (19)18 (20)40 (21)66 (22)36 (23)11 (24)48

Page 21, Item 1:
(1) 77 (2) 99 (3) 75 (4) 83 (5) 74 (6) 61 (7) 58 (8) 35 (9) 51

Page 22, Item 1:
(1) 45 (2) 42 (3) 50 (4) 87 (5) 83 (6) 98 (7) 74 (8) 58 (9) 82

Page 23, Item 1:
(1) 39 (2) 60 (3) 58 (4) 59 (5) 90 (6) 77 (7) 83 (8) 32 (9) 78

Page 24, Item 1:
(1) 70 (2) 67 (3) 97 (4) 93 (5) 33 (6) 49 (7) 42 (8) 72 (9) 35

Page 25, Item 1:
(1) 39 (2) 75 (3) 68 (4) 63 (5) 61 (6) 86 (7) 42 (8) 53 (9) 54

Page 26, Item 1:
(1) 49 (2) 52 (3) 76 (4) 42 (5) 88 (6) 30 (7) 41 (8) 82 (9) 96

Solutions

Page 27, Item 1:

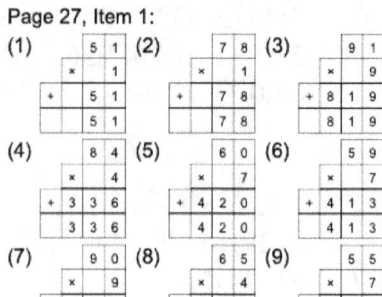

Page 28, Item 1:

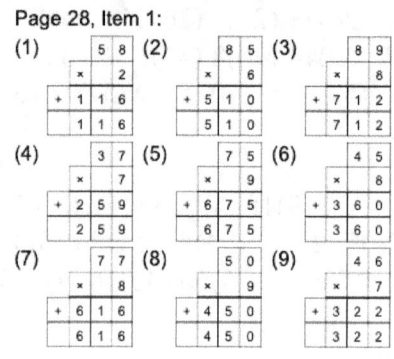

Page 29, Item 1:

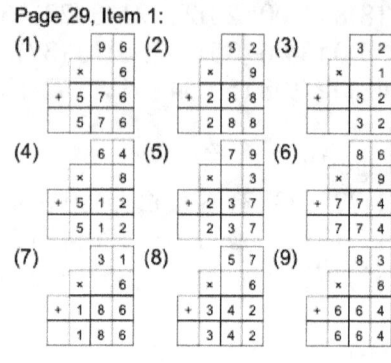

Page 30, Item 1:

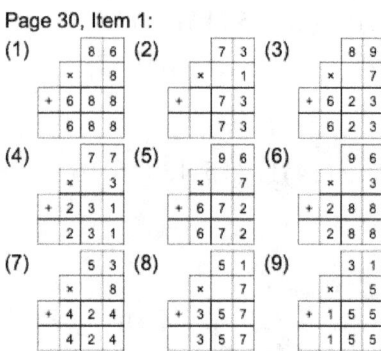

Page 31, Item 1:

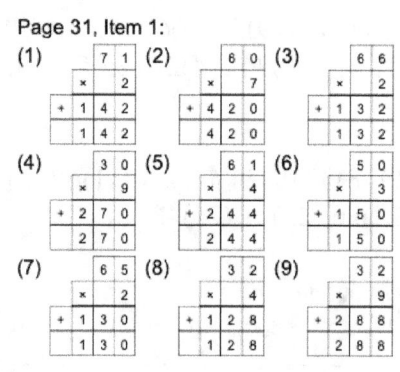

Page 32, Item 1:

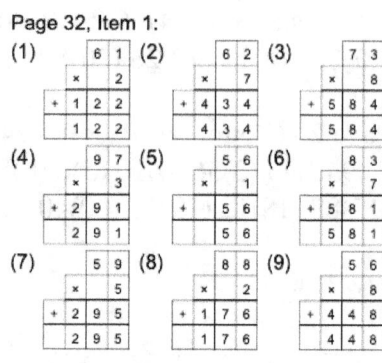

Page 33, Item 1:

Page 34, Item 1:

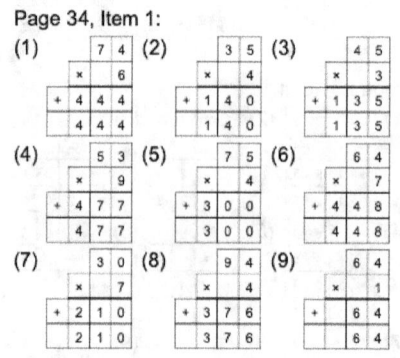

Page 35, Item 1:

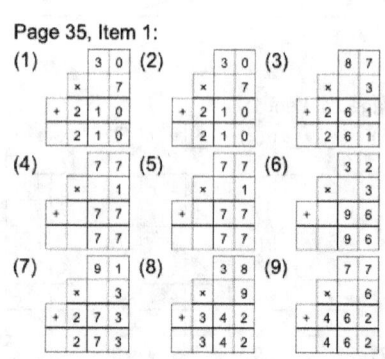

Solutions

Page 36, Item 1:
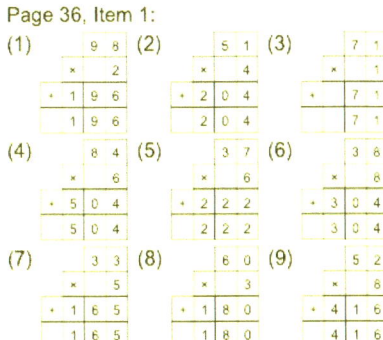

Page 37, Item 1:
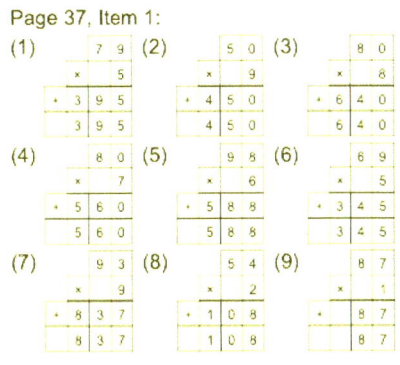

Page 38, Item 1:
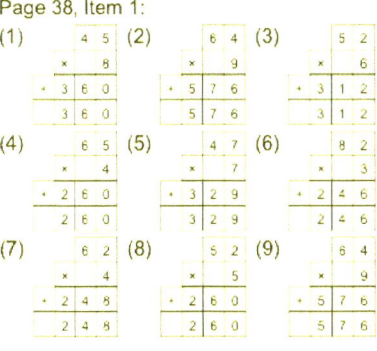

Page 39, Item 1:
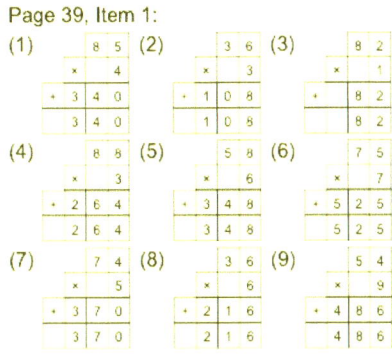

Page 40, Item 1:
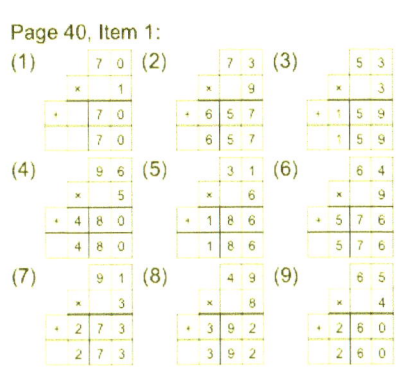

Page 41, Item 1:
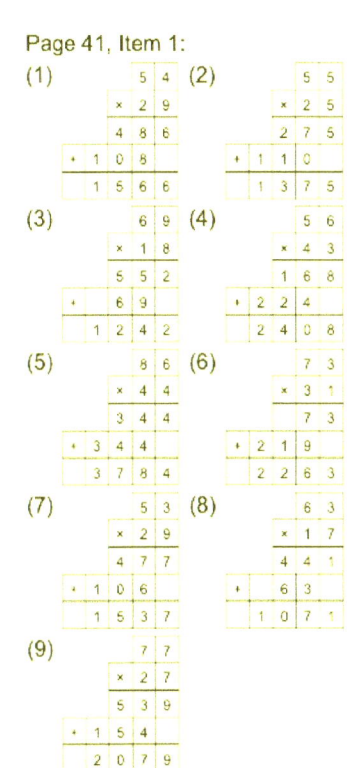

Page 42, Item 1:
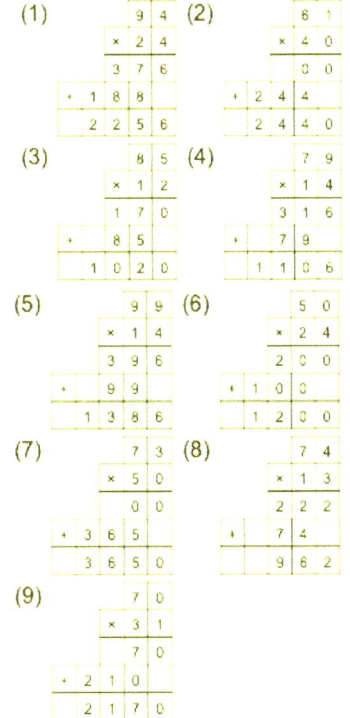

Page 43, Item 1:
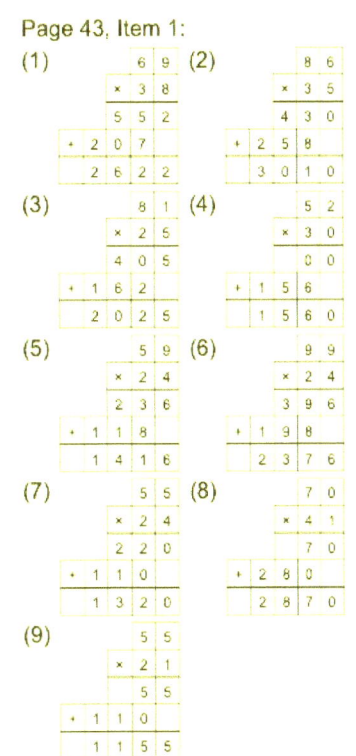

Solutions

Page 44, Item 1:
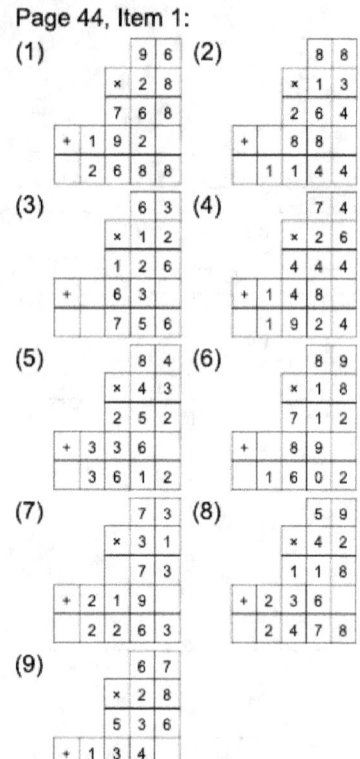

Page 45, Item 1:
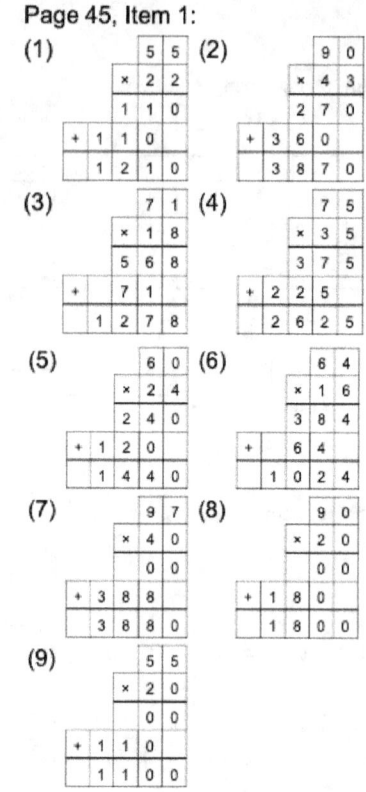

Page 46, Item 1:
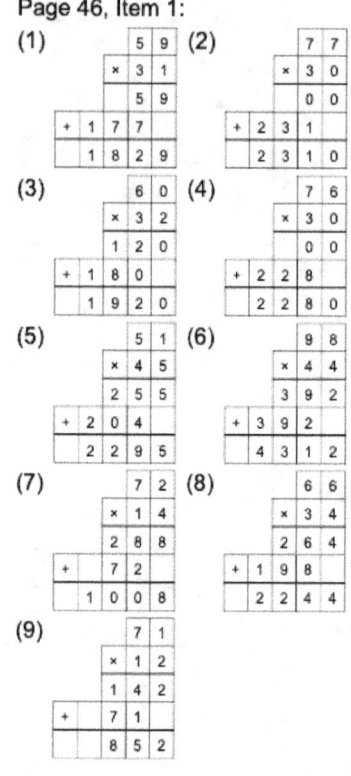

Page 47, Item 1:
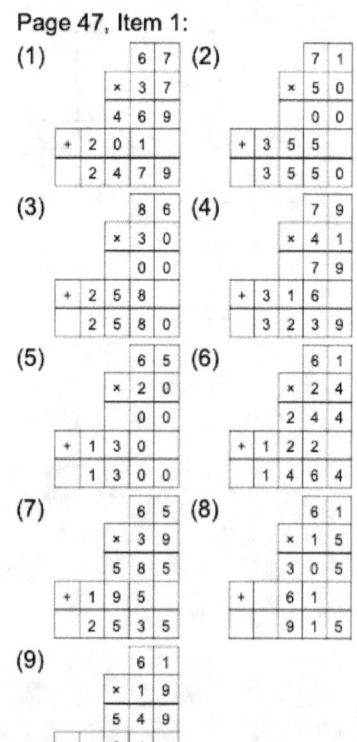

Page 48, Item 1:
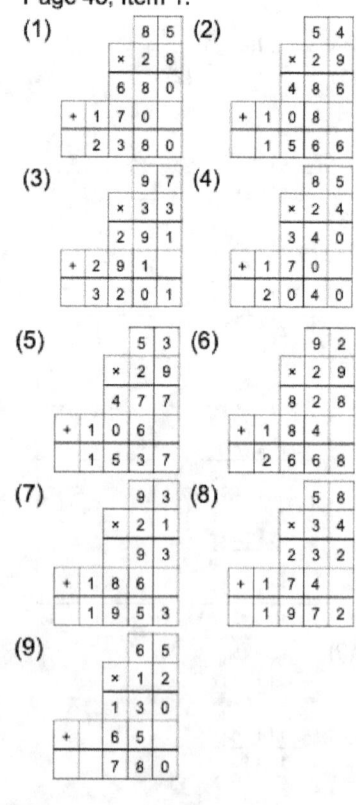

Page 49, Item 1:
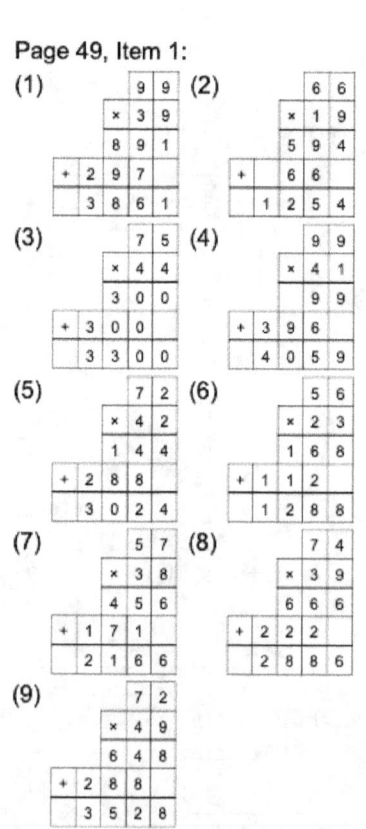

Solutions

Page 50, Item 1:

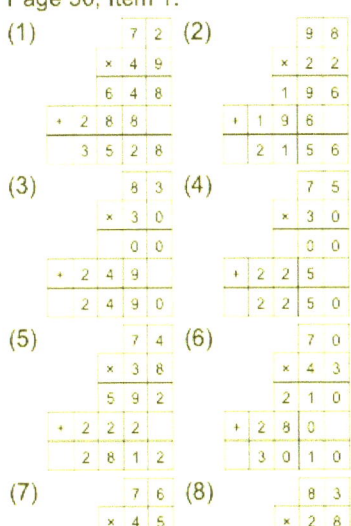

Page 51, Item 1:

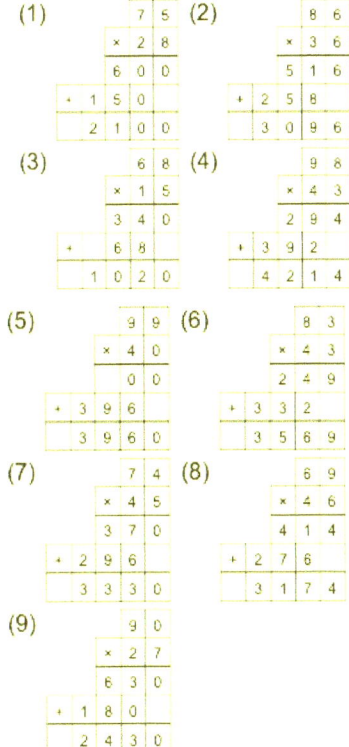

Page 52, Item 1:

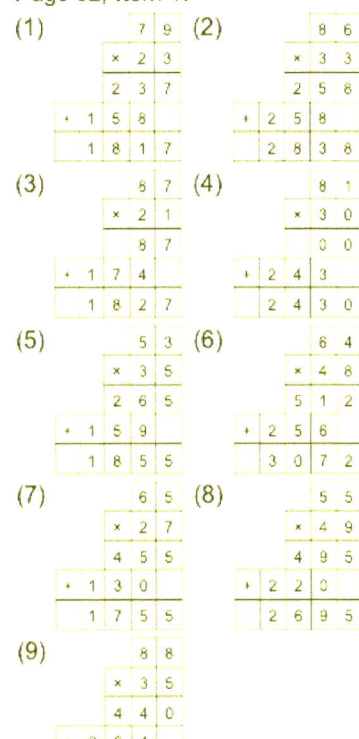

Page 53, Item 1:

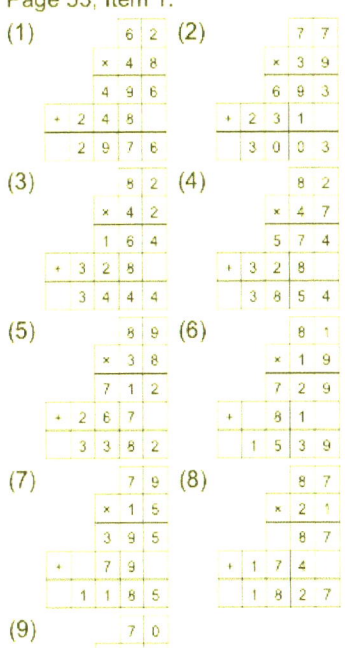

Page 54, Item 1:

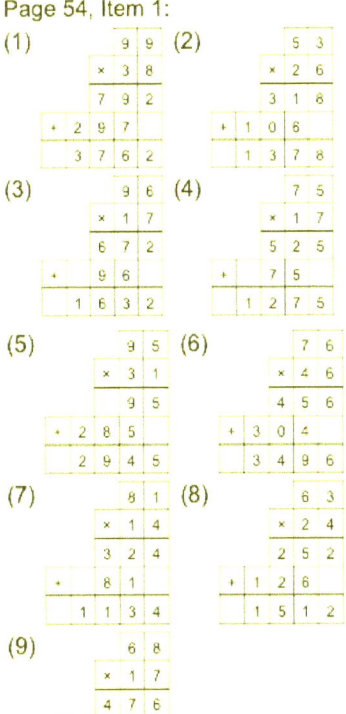

Page 55, Item 1:

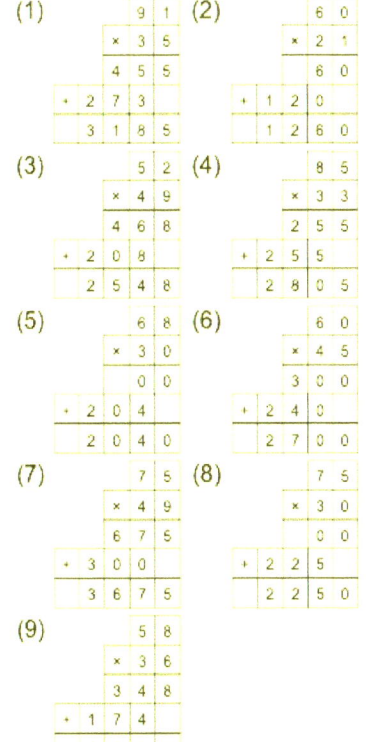

Solutions

Page 56, Item 1:
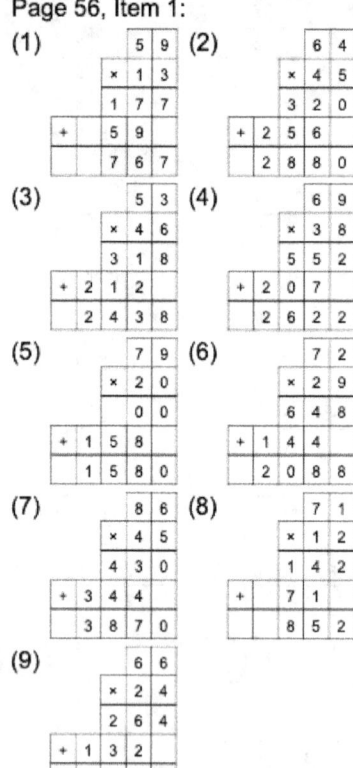

Page 57, Item 1:
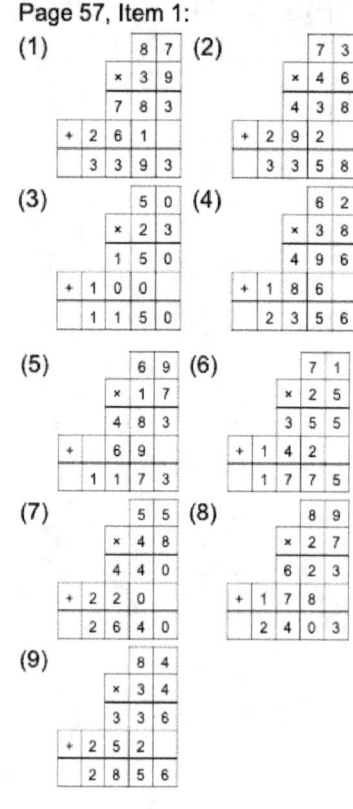

Page 58, Item 1:
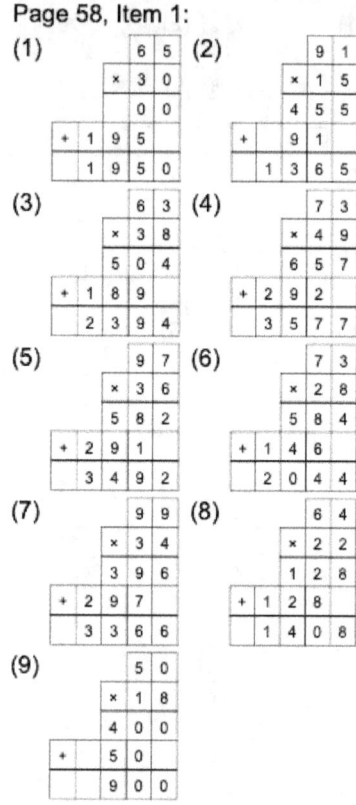

Page 59, Item 1:
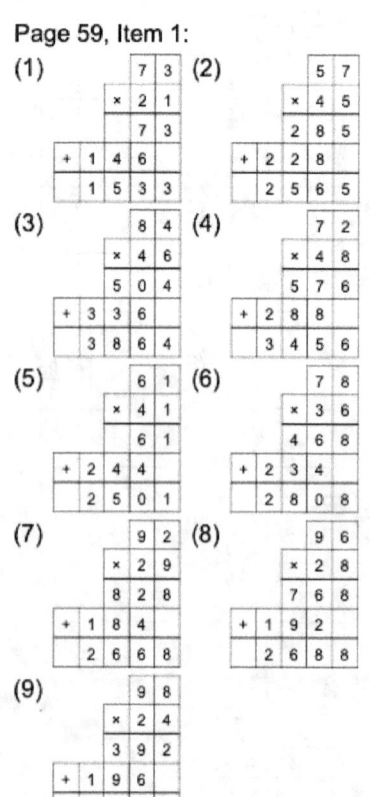

Page 60, Item 1:
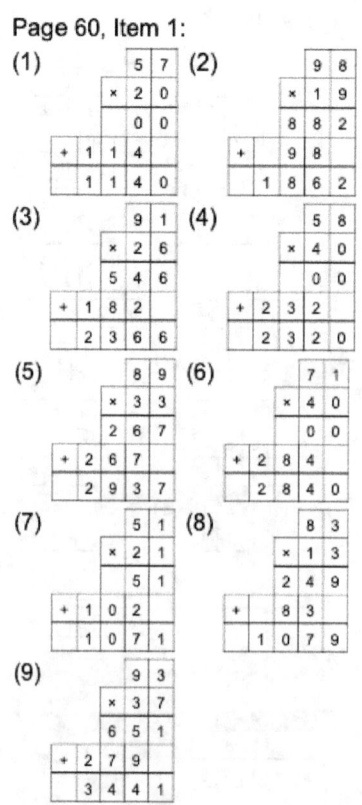

Page 61, Item 1:
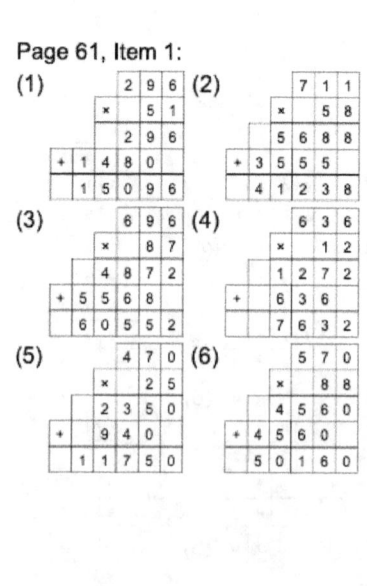

Solutions

Solutions

Page 71, Item 1:
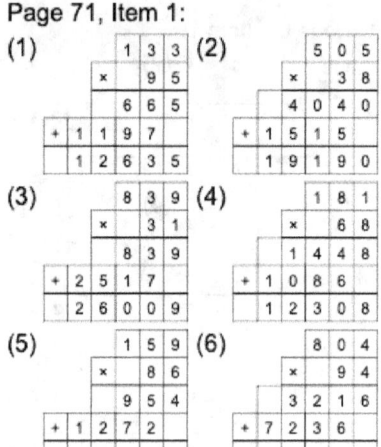

Page 72, Item 1:
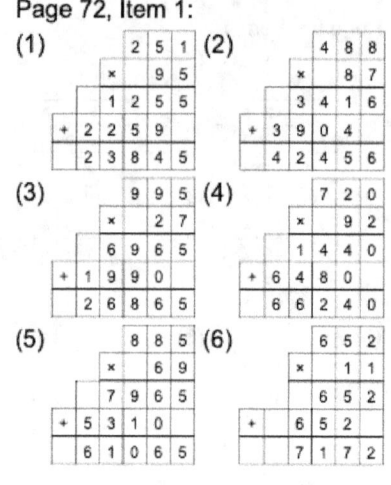

Page 73, Item 1:
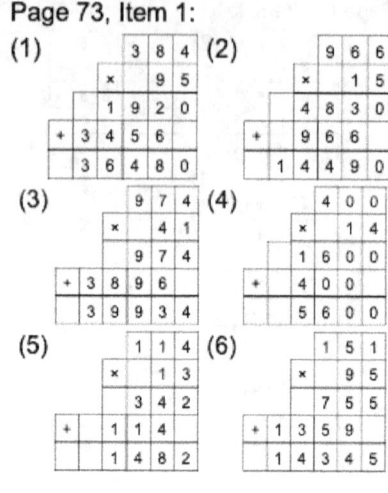

Page 74, Item 1:
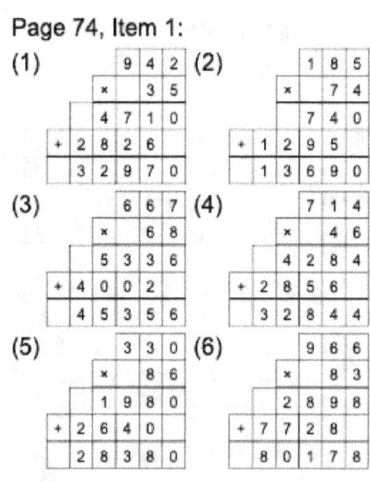

Page 75, Item 1:
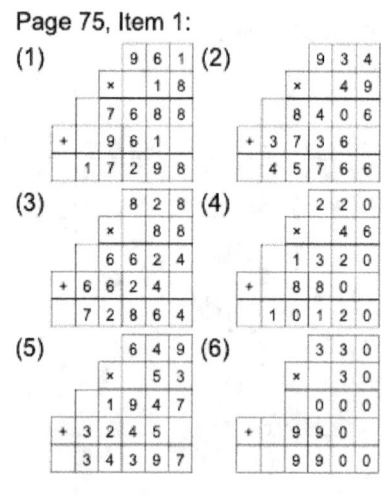

Page 76, Item 1:
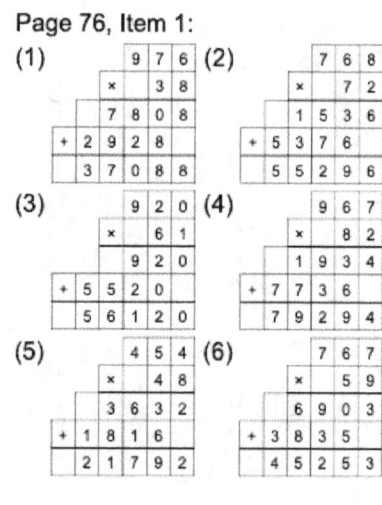

Page 77, Item 1:
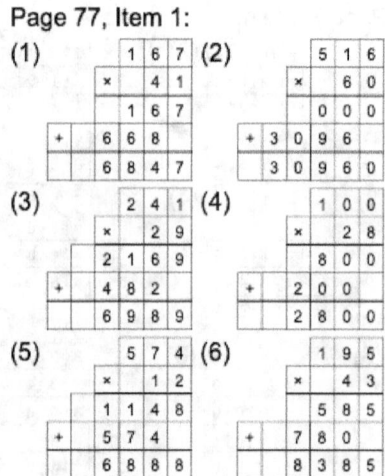

Page 78, Item 1:
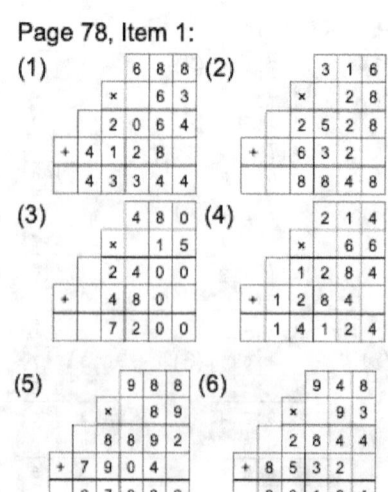

Page 79, Item 1:
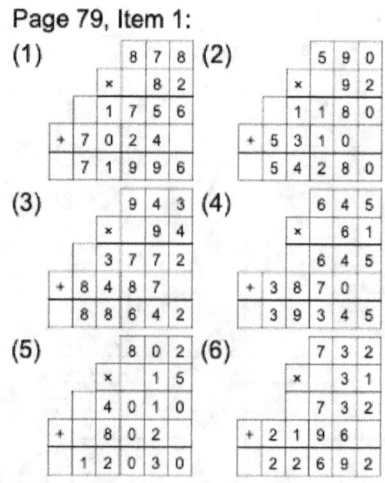

Solutions

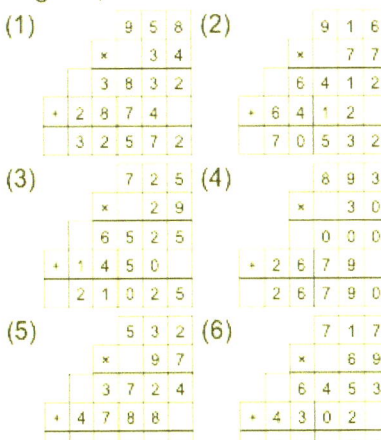
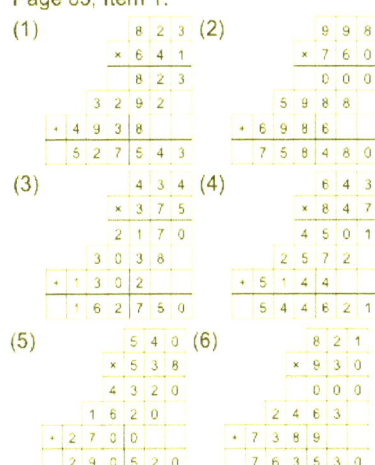
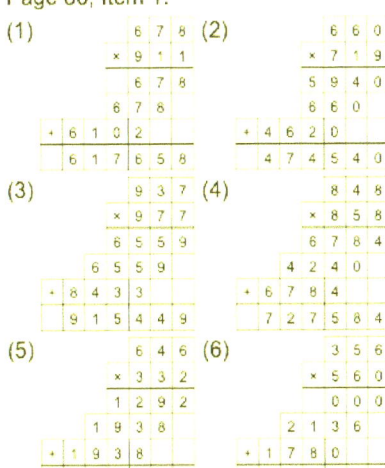

Solutions

Page 89, Item 1:

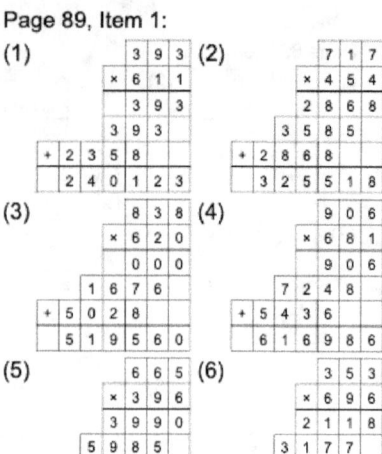

Page 90, Item 1:

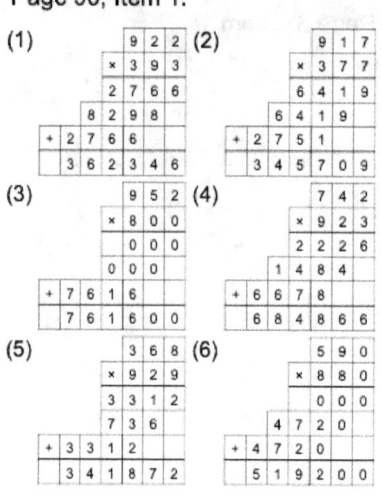

Page 91, Item 1:

Page 92, Item 1:

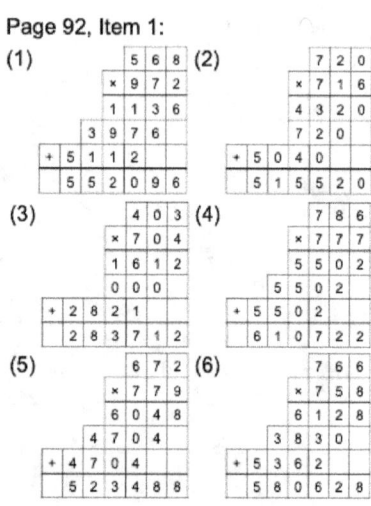

Page 93, Item 1:

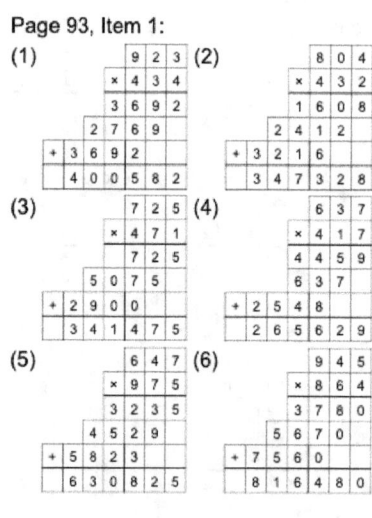

Page 94, Item 1:

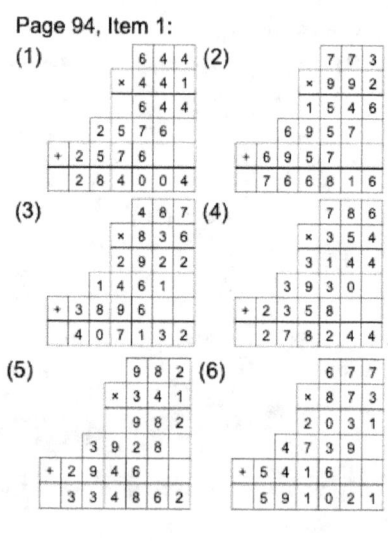

Page 95, Item 1:

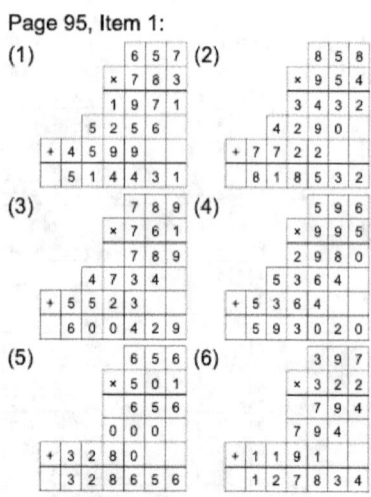

Page 96, Item 1:

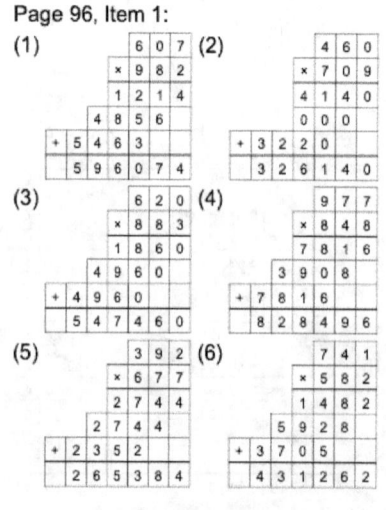

Page 97, Item 1:

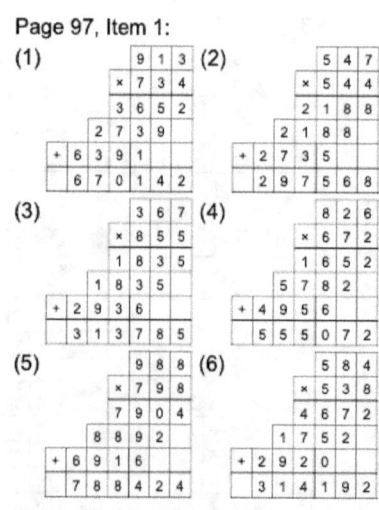

Solutions

Page 98, Item 1:

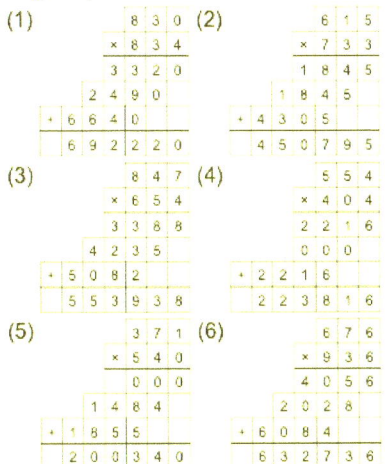

Page 99, Item 1:

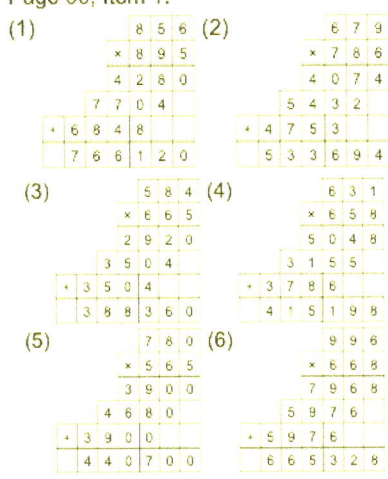

Page 100, Item 1:

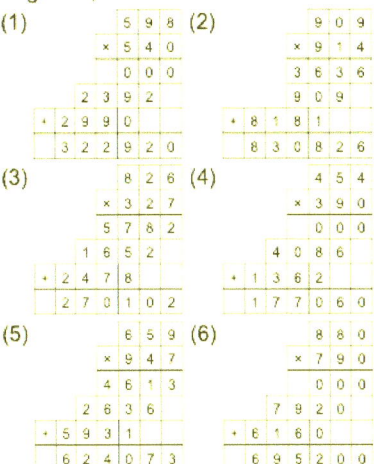

Mayan Lion Books

Support Your Child's Educational Journey

with

Quality Educational Materials

from

Mayan Lion Books

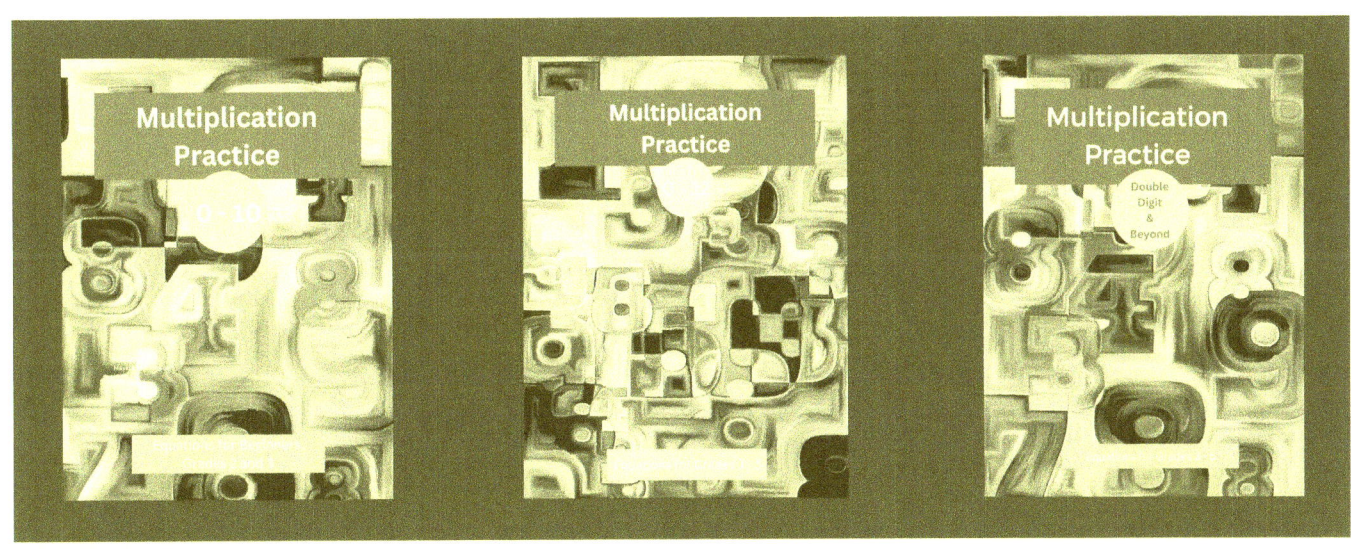

MayanLionBooks.com

www.ingramcontent.com/pod-product-compliance
Lightning Source LLC
Chambersburg PA
CBHW080436220526
45465CB00019B/2339